机器人工程专业应用型人才培养系列教材

机器人技术基础

张志军 吴畏 冯暖 周娜 ◎ 主编

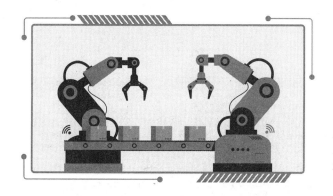

清华大学出版社

北京

内 容 简 介

本书是一部系统论述机器人技术基础的教程。全书共分为 7 章：第 1 章介绍机器人的基本概念与分类、机器人的技术参数；第 2 章介绍机器人运动学；第 3 章介绍机器人动力学；第 4 章主要介绍工业机器人系统的基本组成；第 5 章介绍机器人的控制技术、轨迹规划、传感器等；第 6 章介绍机器人编程语言的相关知识；第 7 章介绍工业机器人应用，如焊接机器人、码垛机器人等。

本书编写的目的是使学生了解机器人的分类与应用、机器人运动学与动力学基本概念、机器人本体基本结构、机器人轨迹规划、机器人控制系统的构成及编程语言、典型工业机器人自动线的基本组成及特点等内容，对机器人及其控制系统有一个完整的理解。培养学生在机器人技术方面分析与解决问题的能力，培养学生在机器人技术方面具有一定的动手能力，为毕业后从事"工业机器人"及"服务机器人"系统的模拟、编程、调试、操作、销售及自动化生产系统维护维修与管理、生产管理等专业工作打下必要的机器人技术基础。

本书适合作为高等院校机器人工程专业相关课程的教材，也可以作为工业机器人爱好者的自学参考用书。

图书在版编目（CIP）数据

机器人技术基础/张志军等主编. —北京：清华大学出版社，2024.3
机器人工程专业应用型人才培养系列教材
ISBN 978-7-302-65712-5

Ⅰ. ①机…　Ⅱ. ①张…　Ⅲ. ①机器人技术－教材　Ⅳ. ①TP24

中国国家版本馆 CIP 数据核字（2024）第 045286 号

责任编辑：赵　凯
封面设计：刘　键
责任校对：刘惠林
责任印制：刘海龙

出版发行：清华大学出版社
　　　　　网　　　址：https://www.tup.com.cn，https://www.wqxuetang.com
　　　　　地　　　址：北京清华大学学研大厦 A 座　　　邮　　编：100084
　　　　　社　总　机：010-83470000　　　　　　　　　邮　　购：010-62786544
　　　　　投稿与读者服务：010-62776969，c-service@tup.tsinghua.edu.cn
　　　　　质量反馈：010-62772015，zhiliang@tup.tsinghua.edu.cn
　　　　　课件下载：https://www.tup.com.cn，010-83470236
印　装　者：三河市天利华印刷装订有限公司
经　　　销：全国新华书店
开　　　本：185mm×260mm　　　印　　张：9.25　　　　　字　　数：228 千字
版　　　次：2024 年 3 月第 1 版　　　　　　　　　　　　印　　次：2024 年 3 月第 1 次印刷
印　　　数：1～1500
定　　　价：39.00 元

产品编号：091702-01

机器人工程专业应用型人才培养系列教材
编委会

张志军(辽宁科技学院)

张海鹏(沈阳中德新松教育科技集团有限公司)

周　娜(辽宁科技学院)

韩　召(辽宁科技学院)

韩海峰(沈阳中德新松教育科技集团有限公司)

魏宏超(沈阳中德新松教育科技集团有限公司)

前言

FOREWORD

　　机器人技术是一门集机械、电子、控制及计算机等多种技术于一体的综合性前沿学科。随着计算机技术、通信技术、传感器技术、控制技术、微电子技术、材料技术等的迅速发展，现代机器人已经广泛应用于工业生产和制造业，而且在航天、海洋探测、危险或恶劣环境，以及日常生活和教育娱乐等领域获得了大量应用，机器人正在逐步走向千家万户。

　　根据应用型高校培养学生的目标和特点，结合全国新工科机器人联盟对机器人工程专业的建设方案要求，为加强应用型本科教材的建设，编写了这本机器人技术基础教材。机器人技术基础是机器人工程专业必修的专业基础课程之一。本课程的任务是使学生了解机器人的分类与应用、机器人运动学与动力学基本概念、机器人本体基本结构、机器人轨迹规划、机器人控制系统的构成及编程语言、典型工业机器人自动线的基本组成及特点等内容，对机器人及其控制系统有一个完整的理解。培养学生在机器人技术方面分析与解决问题的能力，培养学生在机器人技术方面具有一定的动手能力，为毕业后从事"工业机器人"及"服务机器人"系统的模拟、编程、调试、操作、销售及自动化生产系统维护维修与管理、生产管理等专业工作打下必要的机器人技术基础。

　　本书结合新松机器人的相关设备系统地讲解了机器人技术的基础知识。本书共分为7章，第1章主要讲解机器人的基本概念与分类、机器人的技术参数等相关知识；第2章介绍机器人运动学；第3章介绍机器人动力学；第4章主要介绍工业机器人系统的基本组成；第5章介绍机器人的控制技术、轨迹规划、传感器；第6章介绍机器人编程语言的相关知识；第7章介绍工业机器人的应用，如焊接机器人、码垛机器人等。

　　本书由辽宁科技学院张志军、沈阳中德新松教育科技集团有限公司吴畏、辽宁科技学院冯暖、周娜担任主编。其中张志军编写了第1、4章；冯暖编写了第2章；周娜编写了第3章；沈阳中德新松教育科技集团有限公司吴畏编写了第5～7章。

　　本书为"机器人工程专业应用型人才培养系列教材"丛书品种之一，是根据新松机器人自动化股份有限公司相关设备及产品资料并结合自身经验编写而成。在此特别感激对本书做出贡献的老师和同学，尤其是杨平梅、张宁等在实验验证、素材收集、图片编辑等工作中的无私奉献，以及新松机器人自动化股份有限公司和沈阳中德新松教育科技集团有限公司的相关专家、工程师们。本书的完成离不开他们提供的各种资料、心得和建议，对于他们的辛勤付出特此致谢。

由于编者的水平有限,以及机器人技术发展日新月异,书中难免存在不妥和疏漏之处,甚至可能存在错误,恳请广大读者批评指正。

编　者

2024 年 3 月

CONTENTS

第1章

绪　论

目前，机器人技术研究十分活跃，应用日益广泛。机器人技术是综合了计算机、控制论、机构学、信息和传感技术、人工智能、仿生学等多学科而形成的高新技术，是一个国家工业自动化当代研究水平的重要标志。

机器人并不再是简单意义上代替人工的劳动，而是综合了人的特长以及机器优势的一种拟人的电子机械装置，既有人对环境状态的快速反应和分析判断能力，又有机器可长时间持续工作、精确度高、抗恶劣环境的能力。从某种意义上来说，机器人也是机器进化过程的产物，是工业以及非产业界的重要生产和服务性设备，也是先进制造技术领域不可缺少的自动化设备。

目前，在许多工厂和企业中工业机器人被广泛地用于代替或帮助工人完成各种简单和重复性的工作。机器人在机械制造、化工生产、包装输送、设备安装、核电维修、道路施工、凿岩采矿、作物栽培等许多领域的广泛使用，使得这些领域的生产效率大幅提高，并且以较低廉的成本生产出了各类产品，丰富了人们的物质生活，同时也大幅减轻了这些领域中工人的劳动强度。

工业机器人是自动化机械的典型代表，它融合了机械、电子、材料、控制、软件等诸多元素，是机电一体化的产物。作为实现工业自动化的关键技术，工业机器人可以被视为机械工程、电子工程、控制工程、软件工程、材料工程等众多学科与技术的综合。

1.1　工业机器人的发展

1.1.1　机器人的发展

1. 古代机器人

西周时期，中国的能工巧匠偃师就研制出了能歌善舞的伶人，这是中国最早记载的机器人。春秋后期，中国著名的木匠鲁班在机械方面也是一位发明家，据《墨经》记载，他曾制造过一只木鸟，能在空中飞行"三日不下"，体现了中国劳动人民的聪明智慧。公元前2世纪，亚历山大时代的古希腊人发明了最原始的机器人——自动机。它是以水、空气和蒸汽压力为动力的会动的雕像,它可以自己开门,还可以借助蒸汽唱歌。后汉三国时期,蜀国丞相诸葛亮成功地创造出了"木牛流马",并用其运送军粮支援前方作战。

2. 自动玩偶

1738年,法国天才技师杰克·戴·瓦克逊发明了一只机器鸭,它会嘎嘎叫,会游泳和喝水,还会进食和排泄。瓦克逊的本意是想把生物的功能加以机械化而进行医学上的分析。在当时的自动玩偶中,最杰出的要数1773年瑞士的钟表匠杰克·道罗斯和他的儿子利·路易·道罗斯发明的自动书写玩偶、自动演奏玩偶等。他们创造的自动玩偶是利用齿轮和发条原理制成的。这些自动玩偶有的拿着画笔和颜色绘画,有的拿着鹅毛蘸着墨水写字,结构巧妙、服装华丽,在欧洲风靡一时。但由于当时技术条件的限制,这些玩偶其实只是身高1m的巨型玩具。现在保留下来的最早的机器人是瑞士努萨蒂尔历史博物馆里的少女玩偶,它制作于200年前,两只手的10个手指可以按动风琴的琴键弹奏音乐,现在仍能定期演奏供参观者欣赏,展示了古代人的智慧。

3. 机械与幻想

19世纪中叶,自动玩偶分为两个流派,即科学幻想派和机械制作派,并各自在文学艺术和近代技术中找到了自己的位置。文学作品方面,1831年歌德发表了《浮士德》,塑造了人造人"荷蒙克鲁斯";1870年霍夫曼出版了以自动玩偶为主角的作品《葛蓓莉娅》;1883年科洛迪的《木偶奇遇记》问世;1886年《未来的夏娃》问世。在机械实物制造方面,1893年摩尔制造了"蒸汽人","蒸汽人"靠蒸汽驱动双腿沿圆周走动。

4. 机器人元年

1965年,美国麻省理工学院的Roberts演示了第一个具有视觉传感器的、能识别与定位简单积木的机器人系统。1967年,日本成立人工手研究会(现改名为仿生机构研究会),同年召开了日本首届机器人学术会议。1970年,在美国召开了第一届国际工业机器人学术会议。1970年以后,机器人的研究得到迅速广泛发展。1973年,辛辛那提·米拉克隆公司的理查德·豪恩制造了第一台由小型计算机控制的工业机器人,该机器人由液压驱动,能提升的有效负载可达45kg。到了1980年,工业机器人在日本普及,故称该年为"机器人元年"。随后,工业机器人在日本得到了巨大发展,日本也因此而赢得了"机器人王国"的美称。随着计算机技术和人工智能技术的飞速发展,机器人在功能和技术层次上有了很大的提高,移动机器人以及机器人的视觉和触觉等技术就是典型的代表。由于这些技术的发展推动了机器人概念的延伸,20世纪80年代,人们将具有感觉、思考、决策和动作能力的系统称为智能机器人。智能机器人是一个概括的、含义广泛的概念,这一概念不但指导了机器人技术的研究和应用,而且赋予了机器人技术向深广发展的巨大空间,使水下机器人、空间机器人、空中机器人、地面机器人、微小型机器人等各种用途的机器人相继问世,许多梦想成为现实。同时,机器人的技术(如传感技术、智能技术、控制技术等)被扩散和渗透到各个领域形成了各式各样的新机器——机器人化机器。当前与信息技术的交互和融合又产生了"软件机器人""网络机器人"等名称,这也说明了机器人所具有的创新活力。

1.1.2 机器人的定义

1. 机器人名词的来源

1920年,捷克作家卡雷尔·查培克在其剧本《罗萨姆的万能机器人》中最早使用"机器人"一词,剧中机器人"Robot"这个词的本义是苦力,即剧作家笔下的一个具有人的外表、特征和功能的机器,是一种人造的劳力。它是最早的工业机器人设想。

20 世纪 40 年代中后期,机器人的研究与发明得到了更多人的关心与关注。50 年代以后,美国橡树岭国家实验室开始研究能搬运核原料的遥控操纵机械手,这是一种主从型控制系统。系统中加入力反馈,可使操作者获知施加力的大小;主从机械手之间由防护墙隔开,操作者可通过观察窗或闭路电视对从机械手操作机进行有效的监视。主从机械手系统的出现为近代机器人的设计与制造做了铺垫。

1954 年美国戴沃尔最早提出了工业机器人的概念,并申请了专利。该专利的要点是借助伺服技术控制机器人的关节,利用人手对机器人进行动作示教,使机器人实现动作的记录和再现,这就是所谓的示教再现机器人。现有的机器人差不多都采用这种控制方式。1959 年,UNIMATION 公司的第一台工业机器人在美国诞生,开创了机器人发展的新纪元。

UNIMATION 的 VAL(Very Advantage Language)成为机器人领域最早的编程语言。这台工业机器人在各大学及科研机构中传播,也是各个机器人品牌的最基本范本,其机械结构也成为行业的模板。其后,UNIMATION 公司被瑞士 STAUBLI 收购,并利用 STAUBLI 的技术优势,进一步得以改良发展。日本第一台机器人由 KAWASAKI 从 UNIMATION 进口,并由 KAWASAKI 模仿改进在国内推广。

目前,现实生活中或者工业上应用的机器人的功能性更重要,通常只需按照人们预先设定的程序重复一些看似简单的动作,其外形和人毫无相似之处。随着科学技术的发展,各国都在致力于研制具有完全自主能力、拟人化的智能机器人。当下,最先进的机器人其活动能力和智能与人还相差甚远。

2. 国际上对机器人的定义

机器人虽然现在已被广泛应用且越来越受到人们的重视,但机器人这一名词却还没有一个统一、严格、准确的定义。不同国家、不同研究领域的学者给出的定义不尽相同,虽然定义的基本原则大体一致,但仍有很大区别。

1) 1987 年国际标准化组织的定义

(1) 机器人的动作机构具有类似于人或其他生物的某些器官(肢体、感受等)的功能。

(2) 机器人具有通用性,可从事多种工作,可灵活改变动作程序。

(3) 机器人具有不同程度的智能,如记忆、感知、推理、决策、学习等。

(4) 机器人具有独立性,完整的机器人系统在工作中可以不依赖于人的干预。

2) 美国国家标准局的定义

机器人是一种能够进行编程,并在自动控制下执行某些操作和移动作业任务的机械装置。

3) 日本科学家的定义

在 1967 年日本召开的第一届机器人学术会议上,日本科学家加藤一郎提出具有如下三个条件的机器称为机器人:

(1) 具有脑、手、脚等三要素的个体;

(2) 具有非接触传感器(用眼、耳来接收远方信息)和接触传感器;

(3) 具有平衡觉和固定觉传感器。

4) 中国科学家的定义

机器人是一种具有高度灵活性的自动化机器,这种机器除能执行动作外,还具备了一些与人或生物相似的智能,如感知、规划、动作和协同能力。

3. 工业机器人的定义

1987 年,国际标准化组织对工业机器人进行了定义:"工业机器人是一种具有自动控制的操作和移动功能,能完成各种作业的可编程操作机"。

目前,部分国家倾向于美国机器人协会所给出的定义:"一种可以反复编程和多功能的用来搬运材料、零件、工具的操作机;或者为了执行不同任务而具有可改变、可编程动作的专门系统"。

4. 机器人学三原则

为了防止机器人伤害人类,1940 年一位名为阿西莫夫的科幻作家首次使用了 Robotics(机器人学)来描述与机器人有关的科学并提出了"机器人学三原则"。

第一条:机器人不得伤害人类。

第二条:机器人必须服从人类的命令,除非这条命令与第一条相矛盾。

第三条:机器人必须保护自己,除非这种保护与以上两条相矛盾。

1.1.3　机器人的分类

国际上通常将机器人分为工业机器人和服务机器人两大类。我国的机器人专家则从应用环境出发将机器人分为两大类,即工业机器人和特种机器人。

工业机器人就是面向工业领域的多关节机械手或多自由度机器人,如图 1-1 所示。

特种机器人则是除工业机器人之外的、用于非制造业并服务于人类的各种先进机器人,如图 1-2 所示。其中,服务机器人、水下机器人、军用机器人、微操作机器人等分支发展很快,有独立成体系的趋势,包括娱乐机器人、农业机器人、机器人化机器等。

图 1-1　多自由度机器人

图 1-2　特种机器人

1. 常见机器人

1) 家务型机器人

家务型机器人能帮助人们打理生活,做简单的家务活,如图 1-3 所示。

2) 操作型机器人

操作型机器人具有自动控制、可重复编程等特性,有多个自由度,可固定或运动,功能丰富,常被用于相关自动化系统中,如图 1-4 所示。

图 1-3 家务型机器人

图 1-4 操作型机器人

3) 程控型机器人

程控型机器人按照预先要求的顺序及条件,依次控制机器人的机械动作,如图 1-5 所示。

4) 数控型机器人

开发者先通过数值、语言等对数控型机器人进行示教,机器人再根据示教后的信息进行作业。

5) 搜救类机器人

搜救类机器人在大型灾难后,能进入人进入不了的废墟中,用红外线扫描废墟中的景象,把信息传送给在外面的搜救人员,如图 1-6 所示。

图 1-5 程控型机器人

图 1-6 搜救类机器人

6) 示教再现型机器人

示教再现型机器人是通过引导等方式学会机器人动作,再根据输入的工作程序,实现自动重复进行作业,如图 1-7 所示。

7) 感觉控制型机器人

感觉控制型机器人通过利用传感器获取的信息,实现对执行动作的调节和控制,如图 1-8 所示。

8) 适应控制型机器人

适应控制型机器人能适应环境的变化,控制其自身行动,如图 1-9 所示。

9) 学习控制型机器人

学习控制型机器人能"体会"工作的经验,具有一定的学习功能,并将所"学"的经验用于工作中,如图 1-10 所示。

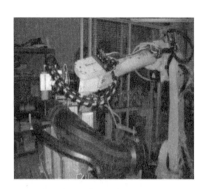

图 1-7　示教再现型机器人

图 1-8　感觉控制型机器人

图 1-9　适应控制型机器人

图 1-10　学习控制型机器人

10）智能机器人

智能机器人是指利用人工智能决定其行动的机器人。

2. 新松机器人

鉴于本书主要是针对新松机器人进行介绍,下面重点介绍几类新松工业机器人。

1）服务机器人

新松松宝系列服务机器人采用平台化设计。每款松宝机器人在平台功能的基础上融入了针对不同应用场景的设计,如图 1-11 所示。

图 1-11　新松服务型机器人

（1）环境感知:松宝系列服务机器人配置 4 大传感器,采用先进的 SLAM 算法对环境进行建模,并感知外界环境。以此为基础,松宝机器人可以完成自主行走、自主避障、自主漫游、自主充电,实现完全智能化。

（2）人机交互:通过对声波的识别,松宝机器人对语音进行合成及处理,将文字信息转化为标准流畅的语言。用户可以通过语音对机器人下发指令,使整个操作更加智能化。

（3）移动媒介:松宝机器人具有高性能触摸屏,用户可以根据需求定制相应的用户界面,进行企业广告宣传、产品介绍、服务选择等多种信息交互。

（4）云平台、大数据:新松公司为用户配置了云终端服务,用户可以根据需求定制属于自己的知识库与数据库。

2）水平多关节机器人

（1）简介

轻量化设计，紧凑型机身，多种臂长选择；

性能可靠，可适应连续满负荷运行；

节能环保，并适合于无尘车间使用；

高速低振动，动作轻巧灵活，实现有效空间内的高效率生产；

网络化控制系统，具有丰富的外部接口及扩展能力，易于集成，如图1-12所示。

（2）用途

适用于精密装配、锁螺钉、装箱、分拣、快速搬运等作业。

3）并联机器人

（1）简介

运动精度高，重复定位精度为±0.02mm；

运动速度快，拾放节拍为260次/min；

运动范围大，最大拾取直径为500mm；

承载能力强，最大负重为3kg；

可与视觉定位、传送带跟踪配合。

（2）用途

包装、分拣、搬运、装配，如图1-13所示。

图1-12 新松水平多关节机器人

图1-13 新松并联机器人

4）新松AGV

（1）简介

工作速度：0～42m/min，无级变速；

车体负载：2000kg；

AGV停车精度：±10mm；

充电方式：自动充电；

导航方式：磁钉导航；

运行方向：前进、后退、转弯；

安全防护：行进方向具有安全防护；

通信方式：工业以太网进行通信。

（2）用途

输送、汽车底盘、重载、激光叉车、货架分拣和户外应用等，如图 1-14 所示。

5）立库

重载堆垛机，载重量可达 8t/货车，适用于重型生产企业；

高速堆垛机，行走速度达到 300m/min，适用于轻载、高速的使用环境；

多层堆垛机，适用于物流效率要求高的生产企业；

道岔堆垛机，适用于物流效率要求很高的生产企业；

转弯堆垛机，适用于物流效率要求不是很高的生产企业；

另外，还有夹抱式堆垛机、装有司机室的拣选堆垛机等多种类型堆垛机，如图 1-15 所示。

图 1-14　新松 AGV

图 1-15　新松立库

1.2　工业机器人技术性能

1.2.1　主要技术参数

机器人的技术指标反映机器人的适用范围和工作性能。一般包括自由度、工作空间、额定负载、最大工作速度和工作精度等，表 1-1 中列举了新松 SR6、SR10 系列工业机器人的技术参数。

表 1-1　新松 SR6、SR10 系列工业机器人的技术参数

结 构 形 式		垂直关节机器人	
负载能力		6kg	10kg
重复定位精度		±0.06mm	±0.06mm
自由度		6	6
运动范围	1 轴	±170°	±170°
	2 轴	+90°～−155°	+90°～−155°
	3 轴	+190°～−170°	+190°～−170°
	4 轴	±180°	±180°
	5 轴	±135°	±135°
	6 轴	±360°	±360°

续表

结构形式		垂直关节机器人	
最大运动速度	1轴	150°/s	125°/s
	2轴	160°/s	150°/s
	3轴	170°/s	150°/s
	4轴	340°/s	300°/s
	5轴	340°/s	300°/s
	6轴	520°/s	400°/s
手腕允许力矩	4轴	12N·m	15N·m
	5轴	9.8N·m	12N·m
	6轴	6N·m	6N·m
手腕允许惯量	4轴	0.24kg·m²	0.32kg·m²
	5轴	0.16kg·m²	0.2kg·m²
	6轴	0.06kg·m²	0.06kg·m²
本体质量		150kg	160kg
电源容量		3.4kV·A	3.4kV·A
安装环境	温度	0°~45°	0°~45°
	相对湿度	最大90%(无凝结)	最大90%(无凝结)
	振动	小于0.5g	小于0.5g

1.2.2 自由度

机器人自由度是指机器人相对于机器人坐标系进行独立运动的数目(不含末端执行器)。机器人自由度表示机器人动作灵活的尺度,一般以轴的直线运动、摆动或旋转动作的数目来表示,如图1-16所示。

1.2.3 工作精度

工业机器人精度指定位精度和重复定位精度。定位精度指机器人抓手或末端执行器实际达到位置精度和设计位置精度的差异;重复定位精度是指机器人抓手或末端执行器重复于同一目标位置的精度。重复定位精度尤为重要,如图1-17所示。

图1-16 机器人自由度示意图

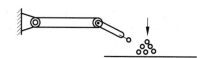

图1-17 机器人重复精度示意图

1.2.4　工作范围

工作范围是指机器人手臂末端能到达所有点的集合,也叫工作区域。新松 SR6C 和 SR10C 的工作范围描述如图 1-18 所示。

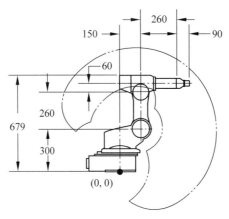

图 1-18　新松 SR6C、SR10C 机器人工作范围

1.2.5　最大工作速度

最大工作速度是指工业机器人在自由度上的最大稳定速度。很明显,工作速度越高,工作效率就越高,表 1-2 列举了新松 SR6C 和 SR10C 的最大运动速度。

表 1-2　新松 SR6C 和 SR10C 的最大运动速度

型　号	SR6C	SR10C
S	150°/s	125°/s
L	160°/s	150°/s
U	170°/s	150°/s
R	340°/s	300°/s
B	340°/s	300°/s
T	520°/s	400°/s

1.2.6　允许力矩和允许惯量

工业机器人腕部是连接末端执行器的部位。而手腕允许力矩和允许惯量是衡量运动过程中,尤其是最大运动速度时手腕所具有的承载能力。承载能力不仅是指负载,也包括工业机器人末端执行器的质量,表 1-3 列举了新松 SR50B 和 SR80B 的手腕允许力矩和手腕允许惯量。

表 1-3　新松 SR50B 和 SR80B 的手腕允许力矩和手腕允许惯量

型　号		SR50B	SR80B
手腕允许力矩	R	206N·m	294N·m
	B	206N·m	294N·m
	T	127N·m	147N·m

续表

型 号		SR50B	SR80B
手腕允许惯量	R	13kg·m²	28kg·m²
	B	13kg·m²	28kg·m²
	T	5.5kg·m²	11kg·m²

1.3 工业机器人的特点和结构形态

1.3.1 机器人的特点

工业机器人是一种通过重复编程和自动控制,完成制造过程中某些操作任务的多功能、多自由度的机电一体化自动机械装备和系统。它结合制造主机或生产线,可以组成单机或多机自动化系统,在无人参与下实现搬运、焊接、装配和喷涂等多种生产作业。

当前,工业机器人技术和产业发展迅速,在生产中应用日益广泛,已成为现代制造生产中重要的高度自动化装备。20世纪60年代初第一代机器人在美国问世以来,工业机器人的研制和应用有了飞速的发展,其显著的特点归纳有以下几个。

1. 可编程

生产自动化的进一步发展是柔性自动化。工业机器人可随其工作环境变化的需要而再编程,因此它在小批量多品种、具有均衡高效率的柔性制造过程中能发挥很好的功用,是柔性制造系统(FMS)中的一个重要组成部分。

2. 拟人化

工业机器人在机械结构上有类似人的行走、腰转、大臂、小臂、手腕、手爪等部分,在控制上有计算机。此外,智能化工业机器人还有许多类似人类的"生物传感器",如皮肤型接触传感器、力传感器、负载传感器、视觉传感器、声觉传感器和语言功能等。传感器提高了工业机器人对周围环境的自适应能力。

3. 通用性

除了专门设计的专用的工业机器人外,一般工业机器人在执行不同的作业任务时具有较好的通用性。比如,更换工业机器人手部末端操作器(手爪、工具等)便可执行不同的作业任务。

4. 机电一体化

工业机器人技术涉及的学科相当广泛,但是归纳起来是机械学和微电子学的结合——机电一体化技术。第三代智能机器人不仅具有获取外部环境信息的各种传感器,还具有记忆能力、语言理解能力、图像识别能力、推理判断能力等人工智能,这些都和微电子技术的应用,特别是计算机技术的应用密切相关。因此,机器人技术的发展必将带动其他技术的发展,机器人技术的发展和应用水平也可以验证一个国家科学技术和工业技术的发展和水平。

为适应市场需求,工业机器人在发展中还呈现出了如下特点:适用性,专用化,高精度、高速度,模拟性,易操作、更灵活,易控制和更自动化。

1）适用性

有什么样的需求就会产生什么样的产品，工业机器人也不例外。不同的机器人对应不同的行业。此款机器人适合汽车行业，而另一款机器人则适合电子加工。英国 Motomen 公司为满足新型汽车 Jaguarsaloo 制造需要，专门生产了两台焊接机器人设备。第一台除有一个标准的外形外，还带有一个报警器和一个电力线的载源、六轴的机器人及两个自动变址的工作台。而第二台有六轴机器人和一个手动变址的旋转工作台。前者为汽车管座框架实行金属焊条惰性气体保护弧焊，后者靠辐射支架和其他部件自动完成 12 种弧焊。两台机器人投入生产以来，汽车的预期生产量超过了 13 万辆。

2）专用化

世界机器人的发展越来越专用化。为了完成某一生产任务，机器人的结构尽量简单。如上述英国 Motomen 公司最近介绍了一种型号为 SP-100 的机器人，该机器人是为了专门实现自动包装码垛和拆卸任务而被特殊设计的。此机器人有效载重高达 160kg，仅有 4 个轴，用 NC 伺服电动机控制，结构设计简单、精度高。在 SP-100 型机器人的手臂内部有两个独立的气流通道给抓手提供气动力，同时又通过 23 根电缆为抓手提供电动力。

英国某公司研制出了一条铸造和拖拉金条的全自动生产线。这条生产线采用了先进的机器人系统，并在英国首次投入生产。这种机器人的高速度和高准确率，使得它能够被理想地运用于自动装配、检测、挑选和安放等操作，也被运用于准确、重复性的操作之中。利用这条生产线来铸造金条不但可以降低成本，而且最重要的是铸造出来的金条精确度高，误差小。

3）高精度、高速度

日本松下电器公司研制的焊接机器人具有 RF350 溢变器焊接能量源和高速旋转弧传感器系统。此焊接机器人是使用空心齿轮和小型伺服电动机的高度压制品，目的是实现在最小的空间内进行高精度高速度的焊接操作。特别是旋转弧传感器担任了重要的角色，通过指令使机器人跟踪零部件配合处的沉积物产生高能量的焊接。

4）模拟性

日本东京科技大学的研究人员结合蚂蚁回家的本能研制了一种新的导航技术，该导航技术是用连有充电设备的照相机作眼睛模拟蚂蚁从附近回到洞穴的机理，并由此制造了机器人飞船模型，模型直径为 1.1m，长度为 1.9m。模型中使用了一台六自由度的推进器，可以实现前后、左右、上下移动，根据照相机捕获的信息进行导航。在 20m 远的测试中，飞船几乎能 100% 地从所处位置回到家。当然该导航技术还能用在其他方面，如塔桥和核能设备的检测。它的检测是靠无线电连续传播的方向、高度和宽度三项指标相对位置的数据决定的。

5）易操作、更灵活

英国某家公司发明了一种新技术，可以实现机器人手臂的快速更换。这种技术特点是通过连接器的一端直接安装在机器人的法兰盘上，另一端与几个系统连接，由开关通过气压控制，在短时间内完成更换系统的作用。同时，系统还能随时更换为各种设备提供最佳组合。互锁系统可以保证机器连接的可靠性，甚至在气压下降或很小的情况下，无须更换机器人手臂就可以更好地供给到位。由于系统在机器人手臂上更换灵活，易操作，因此，该设备的产品已遍及法国、德国及欧洲其他国家、南美洲和远东地区。

6）易控制

日本某大学的研究人员研制出了一个靠传感器像螃蟹一样爬斜坡的机器人。机器人有4条腿和两个轮子，它不像其他机动行走的机器人一样使用多种传感器，而是仅在腿关节处使用一种传感器。机器人4条腿行走时，无论是上坡还是下坡，它的两个轮子都支撑着躯干。整个运动过程仅用一台计算机控制。该机器人的结构特点简化了控制线路软件，使其控制更容易。此类机器人已用在大型圆木加工厂帮助运输圆木。

日本科学家已经研制成功一只与人类手有同样灵敏度的机器人手。这种机器人手是由硅树脂制成的，手指形状和人手相似，内部空裹着大量的传感器。当这个机器人手抓起一个物体时，根据手指内部收缩程度辨别被抓物体的重量和光滑度，从而确定要用多大的力量才能保证被抓物体能够被抓起而不掉下。基于相同的思路，日本科学家还在努力提高技术，以便能够研制成一只带有触觉传感器的机器人手，通过这只手来有效提高生产率和产品的质量。

7）更自动化

为了使系统的自动化程度更高，英国在其新型装卸机器人系统上设置了一些特殊的装置，如激光扫描设备和六自由度的卷尺测量装置等。该类机器人设计成塔状，可以装卸150～180m的部件，还能够进行自动测量，其测量范围可高达150m²。该系统包括4个主要组成部分：用于装载的真空抓爪、用于表格设计的装载工具、卸载抓爪和一个码垛的工具。这种机器人的抓重量极大，可允许在任何一个分层面上承担高达3500kg的工件。

如今是机器人需求剧增的时代。从上述举例分析可看出，世界工业机器人若想得到发展，就必须要瞄准市场，生产那些适销对路的机器人产品。近年来，我国工业机器人发展迅猛，相信随着我国市场经济的发展，以后会更快发展。

1.3.2 机器人的结构形态

工业机器人主体结构中，各个关节运动副和连杆构件组成了不同的坐标形式。常见的主体结构形式有直角坐标形式、圆柱坐标形式、球面坐标形式、关节坐标形式、并联机器人、物流机器人等。

1. 直角坐标形式机器人

直角坐标形式机器人是在工业应用中，能够实现自动控制、可重复编程、运动自由度仅包含三维空间正交平移的自动化设备。其组成部分包含直线运动轴、运动轴的驱动系统、控制系统、终端设备。直角坐标形式机器人可在多领域应用，具有超大行程、组合能力强等优点，如图1-19所示。

按ISO 8373机器人被定义为：位置可以固定或移动，能够实现自动控制、可重复编程、多功能多用处、末端操作器的位置要在3个或3个以上自由度内可编程的工业自动化设备。这里自由度就是指可运动或转动的轴。

一个典型的3D直角坐标形式机器人，由X轴、Y轴、Z轴及驱动电动机组成。

直角坐标形式机器人优点主要包括：

（1）可任意组合成各种样式。每根直线运动轴最长达

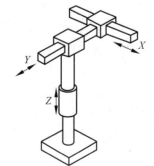

图1-19 直角坐标形式机器人

到 6m,其带载能力为 10～200kg。在实际应用中已有近百种结构的直角坐标形式机器人,这些结构也可以任意组合成新的结构。

(2)超大行程。因为单根龙门式直线运动单元的长度是 6m,并可以多根级联成超大行程,所以其工作空间几乎没有限制,小到手机点胶机,大到 18m 长行程的切割机,都能实现超大行程时要采用直线导轨和齿条传动方式。

(3)负载能力强。单根直线运动单元的负载通常小于 200kg。但当采用双滑块或多滑块刚性连接时,负载能力可以增加 5～10 倍。当把两根或四根直线运动单元并排接起来使用时,其负载可以增加 2～4 倍。当采用多根多滑块结构时,其负载能力可增加到数吨。

(4)高动态特性。轻负载时其最大运行速度可达到 1m/s,加速度可达到 4m/s²,具有很高的动态特性,工作效率非常高,通常在几秒内完成一个工作节拍。

(5)高精度特性。直角坐标形式机器人的传动方式及配置,可使其在整个行程内的重复定位精度达到 0.05～0.01mm。

(6)扩展能力强。可以通过简单结构变更或编程来适配新的应用。

(7)简单经济。对比关节坐标形式机器人,直角坐标形式机器人不仅构造直观且构造成本低。编程简单(类同数控铣床),易培训员工和维修的特点,使其具有非常好的经济性。

(8)寿命长。直角坐标形式机器人的维护通常就是周期性加注润滑油,寿命一般在 10 年以上。

2. 圆柱坐标形式机器人

圆柱坐标形式机器人如图 1-20 所示,包括上下圆盘的旋转台以及上下固定板的框架旋转。丝杠和导杆安装在上下圆盘上。第一螺母总成安装到丝杠,第二螺母安装到导杆,第一螺母总成和第二螺母安装在移动件上。轴结构包括具有纵向空腔的内轴、外轴和中间轴,它们与内轴同心并可分开旋转。设有一对臂驱动轴的臂支撑框架安装在轴结构上。设有第一、第二和第三驱动装置,相对于框架旋转旋转台,相对于旋转台旋转丝杠,并相对于旋转台旋转各轴。

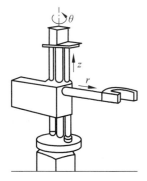

图 1-20　圆柱坐标形式机器人

机器人以 θ、z 和 r 为参数构成坐标系。手腕参考点的位置可表示为 $P = f(\theta, z, r)$。其中,r 是手臂的径向长度,θ 是手臂绕水平轴的角位移,z 是在垂直轴上的高度。如果 r 不变,操作臂的运动将形成一个圆柱表面,空间定位比较直观。操作臂收回后,其后端可能与工作空间内的其他物体相碰,移动关节不易防护。

3. 球面坐标形式机器人

这种机器人像坦克的炮塔一样,机械手能完成里外伸缩移动、垂直平面内摆动以及绕底座的水平面内转动。这种机器人的工作空间构成球面的一部分,因此被称为球面坐标形式机器人,其设计和控制系统比较复杂。美国 UNIMATION 公司的 UNIMATION 系列机器人就是球面坐标形式的代表,如图 1-21 所示。

为了实现手臂俯仰、手臂回转、手腕伸缩,三自由度球面坐标形式机器人采用电动机驱动,初步估计要用到 3 个不同型号的电动机:手臂俯仰电动机,带谐波减速;手臂回转电动机,带谐波减速;手腕伸缩电动机,与滚珠丝杠直连。机器人的末端负载为 5～10kg,转动副为±45°,移动副为300～400mm,末端最大移动速度为1m/s。

4. 关节坐标形式机器人

关节坐标形式机器人主要由底座、大臂和小臂组成。大臂和小臂间的转动关节称为肘关节,大臂和底座间的转动关节称为肩关节。底座可以绕垂直轴线转动,称为腰关节。它是一种广泛应用的拟人化机器人,其特点主要包括:

(1) 具有很高的自由度和灵活性,可从不同角度不同方位进行工作。

(2) 速度可达6m/s,加速度可达$10m/s^2$;工作效率高。

六轴机器人主要应用于汽车点焊、弧焊、装配(拧螺钉)、检测等轻巧类工作。人们还开发了四轴搬运码垛类机器人。

关节坐标形式机器人主要有以下优点。

(1) 结构紧凑,占地面积小。

(2) 灵活性好,手部到达位置好,具有较好的避障性能。

(3) 没有移动关节,关节密封性能好,摩擦小,惯量小。

(4) 关节驱动力小,能耗较低。

关节坐标形式机器人的缺点主要包括以下两点。

(1) 运动过程中存在平衡问题,控制存在耦合。

(2) 当大臂和小臂舒展开时,机器人结构刚度较低。

5. 并联机器人

并联机器人(Parallel Mechanism,PM)可以定义为动平台和定平台通过至少两个独立的运动链相连接,机构具有两个或两个以上自由度,且以并联方式驱动的一种闭环机构,如图1-22所示。

图1-21 球面坐标形式三自由度工业机器人

图1-22 并联机器人

并联机器人的特点如下。

(1) 无累积误差,精度较高。

(2) 驱动装置可置于定平台上或接近定平台的位置,这样运动部分重量轻,速度高,动态响应好。

(3) 结构紧凑,刚度高,承载能力大。

(4) 完全对称的并联机构具有较好的各向同性。

(5) 工作空间较小。

由于具备这些特点,并联机器人在需要高刚度、高精度或者大载荷而无须很大工作空间的领域内得到了广泛应用。

6. 物流机器人

物流机器人是指按设定的路线自动行驶或牵引着载货台车至指定地点,再用自动或人工方式装卸货物的机器人。

物流机器人主要应用于仓库、分拣中心以及运输途中等场景,用于完成装卸、搬运、存储、分拣和运输等相关工作。

物流机器人从工作类别上大概可以分成三类。

1)无人搬运车

无人搬运车简称 AGV 小车,它是一种高性能的运输智能设备,主要应用于货物的搬运和移动,已广泛应用于各个行业。AGV 小车的自动化程度高,操作方便,当车间某一个环节需要某个辅料时,由工作人员向计算机终端输入相关信息,计算机终端再将信息发送到中央控制室,由专业的技术人员向计算机发生指令,在电控设备的合作下,这一指令最终被 AGV 接收并执行——将辅料送至相应地点,如图 1-23 所示。

2)码垛机器人

码垛机器人能够替代人工进行货物分类、搬运和装卸,特别是为保证职工的生命安全,代替人类搬运危险物品,如放射性物质、有毒物质等,实现自动化、智能化、无人化。除此之外,码垛机器人的效率远高于人工工作,因此,使用码垛机器人实现自动化生产是推动企业发展的有效手段。

图 1-23　叉车 AGV

3)分拣机器人

分拣机器人是一种具备了传感器、物镜和电子光学系统的机器人,可以快速分拣货物。它具有传感器、物镜、图像识别系统和多功能机械臂等设备,通过这些设备实现货物快速分拣,其中图像识别系统识别物品的形状,机械手抓取物品,放到指定位置。物品分拣是整个物流环节中较复杂的环节,往往耗时耗力。而自动分拣机器人能够实现 24 小时不间断分拣;占地面积小,分拣效率高,降低了 70% 人工成本和运输成本,精准、高效。可提高工作效率,减少运输成本。

第2章

机器人运动学

机器人的工作是由控制器指挥的,对应于驱动末端位姿运动的各关节参数需要实时计算。当机器人执行工作任务时,其控制器根据加工轨迹指令规划好位姿序列数据,实时运用逆向运动学算法计算出关节参数序列,并依此驱动机器人关节,使末端按照预定的位姿序列运动。

机器人运动学或机构学是从几何或机构的角度描述和研究机器人的运动特性,而不考虑引起这些运动的力或力矩的作用。机器人运动学中有如下几类基本问题。

(1) 工业机械臂和移动机器人完成各种任务需要进行相应的运动,而对机器人运动的描述最直观和方便的方法是建立坐标系。对于通用的多关节工业机械手,一般需要建立多个坐标系来描述机械手末端工具的位置和方向、工件的位置和方向等。而对于轮式机器人,至少需要建立场地坐标系和机器人坐标系。如何描述机器人在空间的位置和方位,以及不同坐标系间各种描述的变换关系是本章将要介绍的主要内容。

(2) 机器人运动方程的表示问题,即正向运动学:对一给定的机器人,已知连杆几何参数和关节变量,欲求机器人末端执行器相对于参考坐标系的位置和姿态。这就需要建立机器人运动方程。运动方程的表示问题,属于问题分析。

(3) 机器人运动方程的求解问题,即逆向运动学:已知机器人连杆的几何参数,给定机器人末端执行器相对于参考坐标系的期望位置和姿态(位姿),求机器人能够达到预期位置的关节变量。这就需要对运动方程求解。机器人运动方程的求解问题,属于问题综合。

2.1 位置姿态与坐标

2.1.1 位置姿态表示与坐标系描述

忽略机器人的变形影响,机器人可以抽象为一个(或者多个)刚体。刚体在空间中的位置可以用质心的位置和刚体的方位来描述,实现描述的工具是坐标系。在机器人学中假设存在一个世界坐标系,所有描述都可以参照这个坐标系或者参照世界坐标系定义的矩阵。

　　矩阵可用来表示点、向量、坐标系、平移、旋转以及变换,还可以表示坐标系中的物体和其他运动元件。

　　1. 空间点的表示

　　空间点 P(图 2-1)可以用它相对于参考坐标系的三个坐标来表示,则有

$$\boldsymbol{P} = a_x \boldsymbol{i} + b_y \boldsymbol{j} + c_z \boldsymbol{k} \tag{2.1}$$

其中,a_x,b_y,c_z 是参考坐标系中表示该点的坐标,也可以用其他坐标来表示空间点的位置。

　　2. 空间向量的表示

　　向量可以由 3 个起始和终止的坐标来表示。如果一个向量起始于点 A,终止于点 B,那么它可以表示为 $\bar{P}_{AB} = (B_x - A_x)\boldsymbol{i} + (B_y - A_y)\boldsymbol{j} + (B_z - A_z)\boldsymbol{k}$。特殊情况下,如果一个向量起始于原点(图 2-2),则有

$$\bar{P} = a_x \boldsymbol{i} + b_y \boldsymbol{j} + c_z \boldsymbol{k} \tag{2.2}$$

其中,a_x,b_y,c_z 是该向量在参考坐标系中的 3 个分量。实际上,前面的点 P 就是用连接到该点的向量来表示的,也就是用该向量的 3 个坐标来表示。

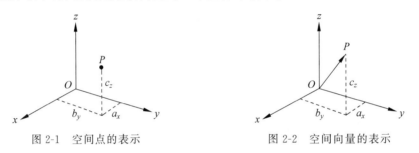

图 2-1　空间点的表示　　　　　　　　图 2-2　空间向量的表示

　　向量的 3 个分量也可以写成矩阵的形式,如式(2.3)所示。在本书中将用这种形式来表示运动分量,则有

$$\bar{P} = \begin{pmatrix} a_x \\ b_y \\ c_z \end{pmatrix} \tag{2.3}$$

　　假设已经建立了坐标系,我们可以用一个 3×1 的位置向量对世界坐标系中的任何点进行定位。因为经常需要定义多个坐标系来描述机器人的几何关系和运动,所以在描述一个位置向量时需要指明是用哪一个坐标系描述的。如图 2-3 所示的一个坐标系和位置向量,用 3 个单位正交基向量表示坐标系{A},坐标原点和沿坐标轴的单位向量均用下标"A"表示它们属于{A}坐标系。向量 $^A\boldsymbol{P}$ 表示箭头指向点的位置向量,其中左上角标"A"表示该点是用{A}坐标系描述的。位置向量 $^A\boldsymbol{P}$ 可以用分量表示为

$$^A\boldsymbol{P} = \begin{pmatrix} P_x \\ P_y \\ P_z \end{pmatrix} \tag{2.4}$$

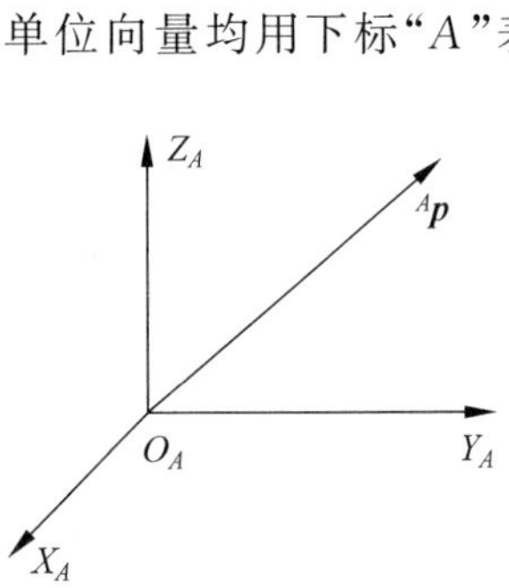

　　3. 姿态描述

　　对于一个刚体,除了需要描述它的位置外,还需要描述它

图 2-3　坐标系和位置向量

的方位(姿态)。任意平面刚体都可以用 3 个参数(x,y,θ)唯一描述其姿态。例如图 2-4 所示的平面机器人位姿表示,为了完整描述地面上的机器人,除了机器人的位置(质心 O_B 坐标 x,y)以外,还需要知道机器人的方位(头的方向 θ)。平面机器人位置一般用两个坐标系来描述,一个是固定的场地坐标系$\{A\}$,另一个是与机器人固连在一起的机器人(运动)坐标系$\{B\}$。机器人的位姿可以用机器人坐标系$\{B\}$的原点和坐标轴在固定坐标系$\{A\}$中的方向来描述。

三维刚体的描述比较复杂,如图 2-5 所示的机械手末端工具,需要描述工具的空间位置和姿态(方位),三维姿态的描述一般通过固定在物体上的坐标系来实现。

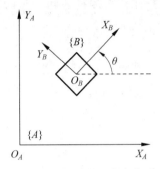
图 2-4 平面机器人位姿表示

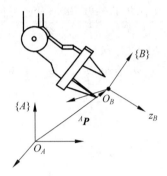
图 2-5 机械手末端工具及坐标系

图 2-5 中坐标系$\{B\}$与机械手末端工具固连,工具的位置可以用固连坐标系$\{B\}$的原点描述,工具的姿态可以由坐标系$\{B\}$的方向来描述。而坐标系$\{B\}$的方向可以用沿 3 个坐标轴的单位向量来表示:

$$
{}_B^A\boldsymbol{R} = ({}^A\boldsymbol{x}_B\ {}^A\boldsymbol{y}_B\ {}^A\boldsymbol{z}_B) = \begin{pmatrix} r_{11} & r_{12} & r_{13} \\ r_{21} & r_{22} & r_{23} \\ r_{31} & r_{32} & r_{33} \end{pmatrix} \tag{2.5}
$$

其中,${}_B^A\boldsymbol{R}$ 称为旋转矩阵,即坐标系可以用旋转矩阵来描述。式(2.5)中旋转矩阵的元素可以用坐标系$\{B\}$的单位向量在坐标系$\{A\}$单位向量上的投影来表示。

根据坐标向量的正交性和单位长度条件,列有 9 个元素,但只有 3 个是独立的。由于 3 个列向量${}^A\boldsymbol{x}_B$、${}^A\boldsymbol{y}_B$、${}^A\boldsymbol{z}_B$ 都是单位向量,且两两相互垂直,因而它的 9 个元素满足约束条件(正交条件):

$$
{}^A\boldsymbol{x}_B \cdot {}^A\boldsymbol{x}_B = {}^A\boldsymbol{y}_B \cdot {}^A\boldsymbol{y}_B = {}^A\boldsymbol{z}_B \cdot {}^A\boldsymbol{z}_B = 1
$$
$$
{}^A\boldsymbol{x}_B \cdot {}^A\boldsymbol{y}_B = {}^A\boldsymbol{y}_B \cdot {}^A\boldsymbol{z}_B = {}^A\boldsymbol{z}_B \cdot {}^A\boldsymbol{x}_B = 0
$$

可见,旋转矩阵是正交的,并且满足条件

$$
{}_B^A\boldsymbol{R}^{-1} = {}_B^A(\boldsymbol{R}^{-1})^{\mathrm{T}}
$$
$$
|{}_B^A\boldsymbol{R}^{-1}| = 1
$$

式中,上标 T 表示转置;| |为行列式符号。

对应于轴 x、y 或 z 作为转角的旋转变换,其旋转矩阵分别为

$$
\boldsymbol{R}(x,\theta) = \begin{bmatrix} 1 & 0 & 0 \\ 0 & \cos\theta & -\sin\theta \\ 0 & \sin\theta & \cos\theta \end{bmatrix}
$$

$$R(y,\theta) = \begin{bmatrix} \cos\theta & 0 & \sin\theta \\ 0 & 1 & 0 \\ -\sin\theta & 0 & \cos\theta \end{bmatrix}$$

$$R(z,\theta) = \begin{bmatrix} \cos\theta & -\sin\theta & 0 \\ \sin\theta & \cos\theta & 0 \\ 0 & 0 & 1 \end{bmatrix}$$

4. 坐标系描述

前面介绍了刚体的位置和姿态。刚体的位姿可以用固连在刚体上的坐标系来描述,坐标原点表示刚体的位置,坐标轴的方向表示固连坐标系把刚体位姿描述问题转化为坐标系的描述问题。图 2-5 中坐标系$\{B\}$可以在固定坐标系$\{A\}$中描述为

$$\{B\} = \{{}_B^A R, {}^A P_{Bo}\} \tag{2.6}$$

其中,旋转矩阵${}_B^A R$ 描述坐标系$\{B\}$的姿态;向量${}^A P_{Bo}$ 描述坐标系$\{B\}$的原点位置。

当表示位置时,式(2.6)中的旋转矩阵${}_B^A R = E$(单位矩阵);当表示方位时,式(2.6)中的位置向量${}^A P_{Bo} = \mathbf{0}$。

2.1.2 坐标变换

在机器人学中,经常需要用不同坐标系描述同一个量。为了确定从一个坐标系的描述到另一个坐标系的描述之间的关系,需要研究空间点在不同坐标系之间的坐标变换。

1. 平移坐标变换

图 2-6 中,${}^B P$ 为坐标系$\{B\}$描述的某一空间位置;同样,我们也可以用${}^A P$(坐标系$\{A\}$)描述同一空间位置。假设坐标系$\{A\}$和坐标系$\{B\}$姿态相同,则坐标系$\{B\}$可以理解为坐标系$\{A\}$的平移。${}^A P_{Bo}$ 称为坐标系$\{B\}$相对坐标系$\{A\}$的平移向量,也可以理解为坐标系$\{B\}$原点在坐标系$\{A\}$描述下的位置向量。因为两个坐标系具有相同的姿态,同一个点在不同坐标系下的描述满足以下关系:

$$^A P = {}^B P + {}^A P_{Bo} \tag{2.7}$$

式(2.7)表明了不同坐标系描述同一个点位置向量之间的变换关系,变换关系由平移向量${}^A P_{Bo}$ 唯一确定。可以从另外一个角度理解式(2.7)表示的变换关系,假设开始坐标系$\{B\}$与坐标系$\{A\}$重合,向量${}^B P$ 与坐标系$\{B\}$固定,将坐标系$\{B\}$连同向量${}^B P$ 一起平移${}^A P_{Bo}$。这样理解式(2.7)表示的是同一坐标系描述的位置向量之间的平移关系。

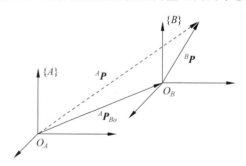

图 2-6   平移坐标变换

2．旋转坐标变换

假设坐标系$\{A\}$和坐标系$\{B\}$的原点重合，但两者的姿态不同。图2-7给出了两个坐标系的示意图，坐标系$\{B\}$的姿态可以用旋转矩阵$_B^A\boldsymbol{R}$描述。旋转坐标变换的任务是已知坐标系$\{B\}$描述的一个点的位置向量$^B\boldsymbol{P}$和旋转矩阵$_B^A\boldsymbol{R}$，求在坐标系$\{A\}$下描述同一个点的位置向量$^A\boldsymbol{P}$。为了得到在坐标系$\{A\}$下表示的位置向量，我们计算该向量在坐标系$\{A\}$中3个坐标轴上的投影。

同一点P在两个坐标系中的描述具有如下变换关系：

$$^A\boldsymbol{P} = {}_B^A\boldsymbol{R}{}^B\boldsymbol{P} \tag{2.8}$$

上式称为坐标旋转方程。

最常见的情况，是同时具有平移变换和旋转变换的情况，即坐标系$\{B\}$的原点与坐标系$\{A\}$的原点不重合，且$\{B\}$坐标系与$\{A\}$的方位也不相同。用位置向量$^A\boldsymbol{P}_{Bo}$描述$\{B\}$的坐标原点相对于$\{A\}$的位置；用旋转矩阵$_B^A\boldsymbol{R}$描述$\{B\}$相对于$\{A\}$的方位，如图2-8所示，对于任意一点P在坐标系$\{A\}$和$\{B\}$中的描述具有如下的变换关系：

$$^A\boldsymbol{P} = {}_B^A\boldsymbol{R}{}^B\boldsymbol{P} + {}^A\boldsymbol{P}_{Bo} \tag{2.9}$$

可以把式(2.9)看作坐标旋转和坐标平移的复合变换。

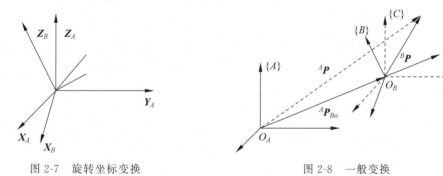

图 2-7　旋转坐标变换　　　　　　　　　　图 2-8　一般变换

2.1.3　齐次坐标变换

1．齐次坐标变换

式(2.9)为一般情况下的变换关系，在机器人学中经常需要计算多个坐标系之间的坐标变换，采用上述方程表达不够简明和清楚。因此，常用所谓的"齐次坐标变换"来描述坐标系之间的变换关系。坐标变换式(2.9)可以写成以下形式：

$$\begin{bmatrix} ^A\boldsymbol{P} \\ 1 \end{bmatrix} = \begin{bmatrix} _B^A\boldsymbol{R} & ^A\boldsymbol{P}_{Bo} \\ 0 & 1 \end{bmatrix} \begin{bmatrix} ^B\boldsymbol{P} \\ 1 \end{bmatrix} \tag{2.10}$$

将位置向量用4×1向量表示，增加1维的数值恒为1，我们仍然用原来的符号表示4维位置向量，并采用以下符号表示坐标变换矩阵：

$$_B^A\boldsymbol{T} = \begin{bmatrix} _B^A\boldsymbol{R} & ^A\boldsymbol{P}_{Bo} \\ 0 & 1 \end{bmatrix} \tag{2.11}$$

可以得到齐次坐标变换关系：

$$^A\boldsymbol{P} = {}_B^A\boldsymbol{T}{}^B\boldsymbol{P} \tag{2.12}$$

其中,$_B^A\boldsymbol{T}$ 综合地表示了平移变换和旋转变换。变换式(2.12)实质上就可以写成下面的等式:

$$^A\boldsymbol{P} = {}_B^A\boldsymbol{R}\,{}^B\boldsymbol{P} + {}^A\boldsymbol{P}_{Bo}$$

其中,$_B^A\boldsymbol{T}$ 是 4×4 矩阵,称为齐次坐标变换矩阵。$_B^A\boldsymbol{T}$ 可以理解为坐标系$\{B\}$在固定坐标系$\{A\}$中的描述。

齐次坐标变换的主要优点是表达简洁,同时在表示多个坐标变换时比较方便。

2. 复合变换

复合变换主要有两种应用形式,一种是建立多个坐标系描述机器人的位姿,任务是确定不同坐标系下对同一个量描述之间的关系;另一种是一个空间点在同一个坐标系内按顺序经过多次平移或旋转变换,任务是确定多次变换后点的位置。

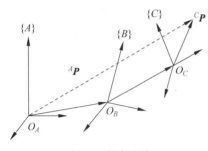

图 2-9　复合变换

如图 2-9 表示的 3 个坐标系,已知坐标系$\{A\}$、$\{B\}$和$\{C\}$之间的变换矩阵和位置向量$^C\boldsymbol{P}$,求在坐标系$\{A\}$下表示同一个点的位置向量$^A\boldsymbol{P}$。先计算在坐标系$\{B\}$下表示同一个点的位置向量$^B\boldsymbol{P}$,然后计算在坐标系$\{A\}$下表示同一个点的位置向量$^A\boldsymbol{P}$。

给定坐标系$\{A\}$、$\{B\}$和$\{C\}$,若已知$\{B\}$相对$\{A\}$的描述为$_B^A\boldsymbol{T}$,$\{C\}$相对$\{B\}$描述为$_C^B\boldsymbol{T}$,则

$$^B\boldsymbol{P} = {}_C^B\boldsymbol{T}\,{}^C\boldsymbol{P} \tag{2.13}$$

$$^A\boldsymbol{P} = {}_B^A\boldsymbol{T}\,{}^B\boldsymbol{P} = {}_B^A\boldsymbol{T}\,{}_C^B\boldsymbol{T}\,{}^C\boldsymbol{P} \tag{2.14}$$

定义复合变换

$$_C^A\boldsymbol{T} = {}_B^A\boldsymbol{T}\,{}_C^B\boldsymbol{T} = \begin{bmatrix} _B^A\boldsymbol{R} & {}^A\boldsymbol{P}_{Bo} \\ 0 & 1 \end{bmatrix} \begin{bmatrix} _C^B\boldsymbol{R} & {}^B\boldsymbol{P}_{CO} \\ 0 & 1 \end{bmatrix} = \begin{bmatrix} _B^A\boldsymbol{R}\,{}_C^B\boldsymbol{R} & {}_C^B\boldsymbol{R}\,{}^B\boldsymbol{P}_{CO} + {}^A\boldsymbol{P}_{Bo} \\ 0 & 1 \end{bmatrix} \tag{2.15}$$

3. 逆变换

从坐标系$\{B\}$相对$\{A\}$的描述$_B^A\boldsymbol{T}$,求得坐标系$\{A\}$相对$\{B\}$的描述$_A^B\boldsymbol{T}$,是齐次变换求逆问题。

对于给定的$_B^A\boldsymbol{T}$求解$_A^B\boldsymbol{T}$,等价于给定$_B^A\boldsymbol{R}$ 和$^A\boldsymbol{P}_{Bo}$,计算$_A^B\boldsymbol{R}$ 和$^B\boldsymbol{P}_{AO}$。

实际上,逆变换是由被变换的坐标系变回原坐标系的一种变换,也就是参考坐标系对于被变换了的坐标系的描述。

2.1.4　齐次变换算子

1. 平移算子

式(2.12)描述的是同一个点在不同坐标系下的变换关系。在机器人学中还经常用到平移变换,如图 2-10 所示。向量$^A\boldsymbol{P}_1$沿向量$^A\boldsymbol{Q}$平移后,得到新的向量$^A\boldsymbol{P}_2$,这个过程就称为平移算子变换。与平移坐标变换不同的是,这里只是在同一坐标系进行的。

可以采用齐次变换矩阵表示平移算子变换:

$$^A\boldsymbol{P}_2 = \text{Trans}(^A\boldsymbol{Q})\,{}^A\boldsymbol{P}_1 \tag{2.16}$$

$\text{Trans}(^A\boldsymbol{Q})$称为平移算子,其表达式为

$$\text{Trans}(^A\boldsymbol{Q}) = \begin{bmatrix} \boldsymbol{I} & ^A\boldsymbol{Q} \\ 0 & \boldsymbol{I} \end{bmatrix} \tag{2.17}$$

其中，$\boldsymbol{I}$ 是 3×3 单位矩阵。例如，若$^A\boldsymbol{Q}=a\boldsymbol{i}+b\boldsymbol{j}+c\boldsymbol{k}$，其中 $\boldsymbol{i}$、$\boldsymbol{j}$ 和 $\boldsymbol{k}$ 分别表示坐标系$\{A\}$ 3 个坐标轴的单位向量，则平移算子表示为

$$\text{Trans}(a,b,c) = \begin{bmatrix} 1 & 0 & 0 & a \\ 0 & 1 & 0 & b \\ 0 & 0 & 1 & c \\ 0 & 0 & 0 & 1 \end{bmatrix} \tag{2.18}$$

2. 旋转算子

同样，我们可以研究向量在同一坐标系下的旋转变换，如图 2-11 所示，$^A\boldsymbol{P}_1$ 绕 Z 轴转 θ 角得到$^A\boldsymbol{P}_2$，则

$$^A\boldsymbol{P}_2 = \boldsymbol{R}_{ot}(z,\theta)^A\boldsymbol{P}_1 \tag{2.19}$$

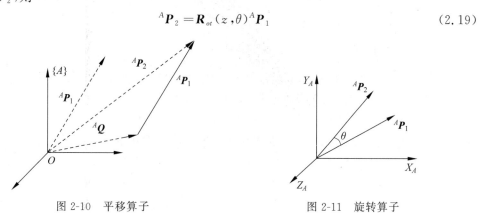

图 2-10　平移算子　　　　　　　　图 2-11　旋转算子

$\boldsymbol{R}_{ot}(z,\theta)$称为旋转算子，其表达式为

$$\boldsymbol{R}_{ot}(z,\theta) = \begin{bmatrix} \cos\theta & -\sin\theta & 0 & 0 \\ \sin\theta & \cos\theta & 0 & 0 \\ 0 & 0 & 1 & 0 \\ 0 & 0 & 0 & 1 \end{bmatrix} \tag{2.20}$$

同理，可以得到绕 X 轴和 Y 轴的旋转算子：

$$\boldsymbol{R}_{ot}(x,\theta) = \begin{bmatrix} 1 & 0 & 0 & 0 \\ 0 & \cos\theta & -\sin\theta & 0 \\ 0 & \sin\theta & \cos\theta & 0 \\ 0 & 0 & 0 & 1 \end{bmatrix} \tag{2.21}$$

$$\boldsymbol{R}_{ot}(y,\theta) = \begin{bmatrix} \cos\theta & 0 & \sin\theta & 0 \\ 0 & 1 & 0 & 0 \\ -\sin\theta & 0 & \cos\theta & 0 \\ 0 & 0 & 0 & 1 \end{bmatrix} \tag{2.22}$$

例 2-1　已知点 $\boldsymbol{u}=7\boldsymbol{i}+3\boldsymbol{j}+2\boldsymbol{k}$，先对它进行绕 Z 轴旋转 $90°$ 的变换，得点$\boldsymbol{v}$，再对点$\boldsymbol{v}$ 进行绕 Y 轴旋转 $90°$ 的变换得点 $\boldsymbol{w}$，求$\boldsymbol{v}$ 和 $\boldsymbol{w}$。

解：由旋转变换的公式得

$$\boldsymbol{v} = \boldsymbol{R}_{ot}(z,90°)\boldsymbol{u} = \begin{bmatrix} 0 & -1 & 0 & 0 \\ 1 & 0 & 0 & 0 \\ 0 & 0 & 1 & 0 \\ 0 & 0 & 0 & 1 \end{bmatrix} \begin{bmatrix} 7 \\ 3 \\ 2 \\ 1 \end{bmatrix} = \begin{bmatrix} -3 \\ 7 \\ 2 \\ 1 \end{bmatrix}$$

$$\boldsymbol{w} = \boldsymbol{R}_{ot}(y,90°)\boldsymbol{v} = \begin{bmatrix} 0 & 0 & 1 & 0 \\ 0 & 1 & 0 & 0 \\ -1 & 0 & 0 & 0 \\ 0 & 0 & 0 & 1 \end{bmatrix} \begin{bmatrix} -3 \\ 7 \\ 2 \\ 1 \end{bmatrix} = \begin{bmatrix} 2 \\ 7 \\ 3 \\ 1 \end{bmatrix}$$

如果只关心最后的变换结果,可以按下式计算:

$$\boldsymbol{w} = \boldsymbol{R}_{ot}(y,90°)\,\boldsymbol{v} = \boldsymbol{R}_{ot}(y,90°)\boldsymbol{R}_{ot}(z,90°)\boldsymbol{u}$$

$$= \begin{bmatrix} 0 & 0 & 1 & 0 \\ 1 & 0 & 0 & 0 \\ 0 & 1 & 0 & 0 \\ 0 & 0 & 0 & 1 \end{bmatrix} \begin{bmatrix} 7 \\ 3 \\ 2 \\ 1 \end{bmatrix} = \begin{bmatrix} 2 \\ 7 \\ 3 \\ 1 \end{bmatrix}$$

计算结果与前面的相同,$\boldsymbol{R} = \boldsymbol{R}_{ot}(y,90°),\boldsymbol{R}_{ot}(z,90°)$ 称为复合旋转算子。图 2-12(a)给出了变换前后点的位置。如果改变旋转顺序,先对它进行绕 Y 轴旋转 $90°$,再绕 Z 轴旋转 $90°$,结果如图 2-12(b)所示。比较图 2-12(a)和图 2-12(b)可以发现最后的结果并不相同,即旋转顺序影响变换结果,从数学角度解释就是矩阵乘法不满足交换律。

$$\boldsymbol{R}_{ot}(y,90°)\boldsymbol{R}_{ot}(z,90°) \neq \boldsymbol{R}_{ot}(z,90°)\boldsymbol{R}_{ot}(y,90°)$$

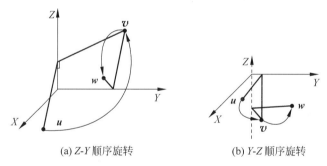

(a) Z-Y 顺序旋转   (b) Y-Z 顺序旋转

图 2-12　旋转顺序对变换结果的影响

2.1.5　变换方程

1. 坐标系建立

直角坐标系的原点定义在机器人 1 轴轴线上,是与 2 轴所在平面的交点。设机器人底座上带电缆插座的方向为后部,机器人小臂(3 轴)指向为前方。直角坐标系的方向规定: X 轴方向向前,Z 轴方向向上,Y 轴按右手定则确定。在直角坐标系中,机器人的运动指机器人控制中心点的运动,机器人的控制中心点沿设定的 X、Y、Z 方向运行(图 2-13)。

默认的工具坐标系原点位于六轴法兰盘中心点(图 2-14)。工具坐标系(图 2-15)由用户自己定义在工具上,原点位于机器人手腕法兰盘的夹具上,一般将工具的有效方向定义为工具坐标系的 Z 轴方向,X 轴、Y 轴方向按右手定则定义。

图 2-13 直角坐标系

图 2-14 法兰坐标系

工作站坐标系,即机器人所在工作环境的坐标系(图 2-16)。

工件坐标系由用户自己定义在工件上,原点位于机器人抓取的工件上,坐标系的方向可以根据客户需要任意定义。

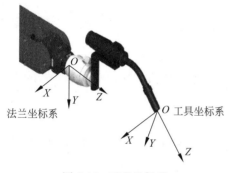

图 2-15 工具坐标系

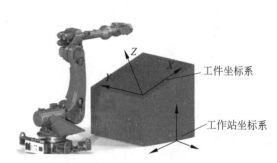

图 2-16 工作站坐标系和工件坐标系

2. 方程初步变换

现在要建立机器人与周围环境之间的坐标变换关系,如图 2-17 所示,$\{B\}$ 代表基坐标系,$\{T\}$ 代表工具坐标系,$\{S\}$ 代表工作站坐标系,$\{G\}$ 代表工件坐标系,它们之间的位姿可以用相应的齐次变换来描述:其中,$_S^B\boldsymbol{T}$ 表示工作站坐标系 $\{S\}$ 相对于基坐标系 $\{B\}$ 的位置姿态;$_G^S\boldsymbol{T}$ 表示工件坐标系 $\{G\}$ 相对于工作站坐标系 $\{S\}$ 的位置姿态;$_T^B\boldsymbol{T}$ 表示工具坐标系 $\{T\}$ 相对于基坐标系 $\{B\}$ 的位置姿态。

对工件进行操作时,它是机器人控制和规划的目标,工具坐标系 $\{T\}$ 相对工件坐标系 $\{G\}$ 的位置姿态直接影响操作效果,工具坐标系 $\{T\}$ 相对于基坐标系 $\{B\}$ 的描述可用下列变换矩阵的乘积来表示:

$$_T^B\boldsymbol{T} = {_S^B}\boldsymbol{T}{_G^S}\boldsymbol{T}{_T^G}\boldsymbol{T}$$

建立起上述矩阵变换方程后,当矩阵变换中只有一个变换未知时,就可以将这一未知变换表示为其他已知变换的乘积的形式。

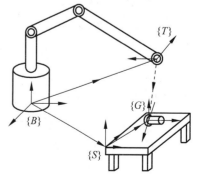

图 2-17 机器人与周围环境之间的
坐标变换关系

2.2   机器人运动学

2.2.1   运动姿态和方向角

1. 机械手的运动方向

在图 2-18 中，原点由向量 $\boldsymbol{P}$ 表示。

接近向量 $\boldsymbol{a}$：z 向向量

方向向量 $\boldsymbol{o}$：y 向向量

法线向量 $\boldsymbol{n}$：它与向量 $\boldsymbol{o}$ 和 $\boldsymbol{a}$ 一起构成一个右手向量集合，并由向量的叉乘所规定：

$$\boldsymbol{n} = \boldsymbol{o} \times \boldsymbol{a}$$

因此，变换 $\boldsymbol{T}_6$ 具有下列元素（图 2-18）：

$$\boldsymbol{T}_6 = \begin{bmatrix} \boldsymbol{n}_x & \boldsymbol{o}_x & \boldsymbol{a}_x & \boldsymbol{p}_x \\ \boldsymbol{n}_y & \boldsymbol{o}_y & \boldsymbol{a}_y & \boldsymbol{p}_y \\ \boldsymbol{n}_z & \boldsymbol{o}_z & \boldsymbol{a}_z & \boldsymbol{p}_z \\ 0 & 0 & 0 & 1 \end{bmatrix} \tag{2.23}$$

六连杆机械手的 $\boldsymbol{T}$ 矩阵（$\boldsymbol{T}_6$）可由其 16 个指定的元素的数值来决定。在这 16 个元素中，只有 12 个元素具有实际含义。

2. 用欧拉变换表示运动姿态

机械手的运动姿态往往由一个绕轴 x、y 和 z 的旋转序列来规定。这种转角的序列，称为欧拉（Euler）角（图 2-19）。

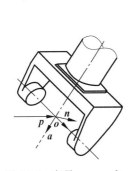

图 2-18   向量 $\boldsymbol{n}$、$\boldsymbol{o}$、$\boldsymbol{a}$ 和 $\boldsymbol{p}$

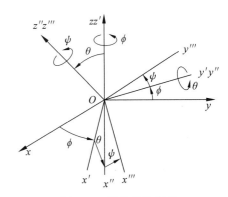

图 2-19   欧拉角的定义

欧拉角用一个绕 z 轴旋转 ψ 角，再绕新的 y 轴旋转 θ 角，最后绕新的 z 轴旋转 ϕ 角来描述任意可能的姿态，如图 2-20 所示。在任何旋转序列下，旋转次序是十分重要的。

$$\boldsymbol{R}_{yz} = \boldsymbol{R}_{ot}(y, \theta)\boldsymbol{R}_{ot}(z, \psi)$$

$$= \begin{bmatrix} \cos\theta & 0 & \sin\theta \\ 0 & 1 & 0 \\ -\sin\theta & 0 & \cos\theta \end{bmatrix} \begin{bmatrix} \cos\psi & -\sin\psi & 0 \\ \sin\psi & \cos\psi & 0 \\ 0 & 0 & 1 \end{bmatrix} = \begin{bmatrix} \cos\theta\cos\psi & -\cos\theta\sin\psi & \sin\theta \\ \sin\psi & \cos\psi & 0 \\ -\sin\theta\cos\psi & \sin\theta\sin\psi & \cos\theta \end{bmatrix}$$

$$\boldsymbol{R}_{zyz} = \boldsymbol{R}_{ot}(z,\phi)\boldsymbol{R}_{yz} = \begin{bmatrix} \cos\phi & -\sin\phi & 0 \\ \sin\phi & \cos\phi & 0 \\ 0 & 0 & 1 \end{bmatrix} \begin{bmatrix} \cos\theta\cos\psi & -\cos\theta\sin\psi & \sin\theta \\ \sin\psi & \cos\psi & 0 \\ -\sin\theta\cos\psi & \sin\theta\sin\psi & \cos\theta \end{bmatrix}$$

$$= \begin{bmatrix} \cos\phi\cos\theta\cos\psi - \sin\phi\sin\psi & -\cos\phi\cos\theta\sin\psi - \sin\phi\cos\psi & \cos\phi\sin\theta \\ \sin\phi\cos\theta\cos\psi + \cos\phi\sin\psi & -\sin\phi\cos\theta\sin\psi + \cos\phi\cos\psi & \sin\phi\sin\theta \\ -\sin\theta\cos\psi & \sin\theta\sin\psi & \cos\theta \end{bmatrix}$$

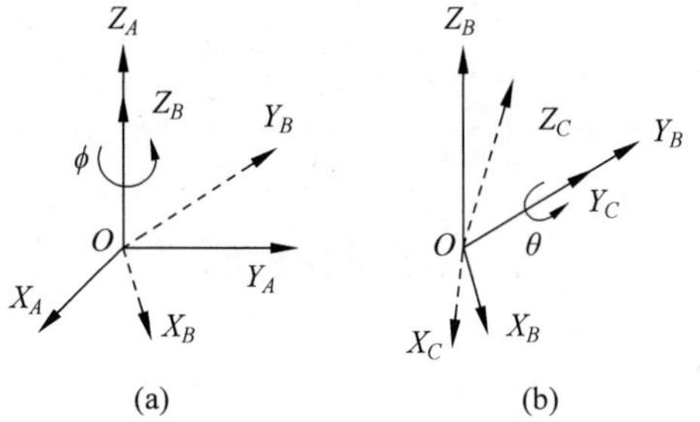

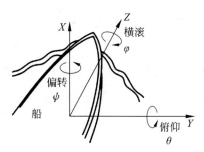

图 2-20 Z-Y-Z 欧拉角

3. 用 RPY 组合变换表示运动姿态

另一种常用的旋转集合是横滚(roll)、俯仰(pitch)和偏转(yaw)(图 2-21)。

图 2-21 用横滚、俯仰和偏转表示运动姿态

对于旋转次序,规定

$$RPY(\varphi,\theta,\psi) = \boldsymbol{R}_{ot}(z,\varphi)\boldsymbol{R}_{ot}(y,\theta)\boldsymbol{R}_{ot}(x,\psi) \tag{2.24}$$

式中,RPY 表示横滚、俯仰和偏转三旋转的组合变换。也就是说,先绕 X 轴旋转角 ψ,再绕 Y 轴旋转角 θ,最后绕 Z 轴旋角 φ。

$$\boldsymbol{R}_{xyz} = \boldsymbol{R}_{ot}(z,\varphi)\boldsymbol{R}_{ot}(y,\theta)\boldsymbol{R}_{ot}(x,\psi)$$

$$\boldsymbol{R}_{xyz} = \begin{bmatrix} \cos\varphi & -\sin\varphi & 0 \\ \sin\varphi & \cos\varphi & 0 \\ 0 & 0 & 1 \end{bmatrix} \begin{bmatrix} \cos\theta & 0 & \sin\theta \\ 0 & 1 & 0 \\ -\sin\theta & 0 & \cos\theta \end{bmatrix} \begin{bmatrix} 1 & 0 & 0 \\ 0 & \cos\psi & -\sin\psi \\ 0 & \sin\psi & \cos\psi \end{bmatrix}$$

$$= \begin{bmatrix} \cos\varphi\cos\theta & \cos\varphi\sin\theta\sin\psi - \sin\varphi\cos\psi & \cos\varphi\sin\theta\cos\psi + \sin\varphi\sin\psi \\ \sin\varphi\cos\theta & \sin\varphi\sin\theta\sin\psi + \cos\varphi\cos\psi & \sin\varphi\sin\theta\cos\psi - \cos\varphi\sin\psi \\ -\sin\theta & \cos\theta\sin\psi & \cos\theta\cos\psi \end{bmatrix}$$

2.2.2　运动位置和坐标

1. 运动位置和坐标

一旦机械手的运动姿态由某个姿态变换规定之后,它在基系中的位置就能够由左乘一个对应于向量 P 的平移变换来确定:

$$T_6 = \begin{bmatrix} 1 & 0 & 0 & p_x \\ 0 & 1 & 0 & p_y \\ 0 & 0 & 1 & p_z \\ 0 & 0 & 0 & 1 \end{bmatrix} \begin{bmatrix} \text{某个姿态变换} \end{bmatrix} \tag{2.25}$$

2. 用柱面坐标表示运动位置

用柱面坐标来表示机械手手臂的位置,即表示其平移变换,如图 2-22(a)所示。

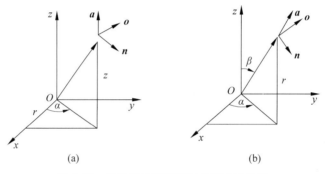

(a)　　　　　　　(b)

图 2-22　用柱面坐标和球面坐标表示位置

这对应于沿 x 轴平移 r,再绕 z 轴旋转 α,最后沿 z 轴平移 z。如图 2-22(a)所示,即为

$$Cyl(z,\alpha,r) = \text{Trans}(0,0,z)\boldsymbol{R}_{ot}(z,\alpha)\text{Trans}(r,0,0)$$

式中,Cyl 表示柱面坐标组合变换。

$$\begin{aligned} Cyl(z,\alpha,r) &= \begin{bmatrix} 1 & 0 & 0 & 0 \\ 0 & 1 & 0 & 0 \\ 0 & 0 & 1 & z \\ 0 & 0 & 0 & 1 \end{bmatrix} \begin{bmatrix} \cos\alpha & -\sin\alpha & 0 & 0 \\ \sin\alpha & \cos\alpha & 0 & 0 \\ 0 & 0 & 1 & 0 \\ 0 & 0 & 0 & 1 \end{bmatrix} \begin{bmatrix} 1 & 0 & 0 & r \\ 0 & 1 & 0 & 0 \\ 0 & 0 & 1 & 0 \\ 0 & 0 & 0 & 1 \end{bmatrix} \\ &= \begin{bmatrix} \cos\alpha & -\sin\alpha & 0 & r\cos\alpha \\ \sin\alpha & \cos\alpha & 0 & r\sin\alpha \\ 0 & 0 & 1 & z \\ 0 & 0 & 0 & 1 \end{bmatrix} \end{aligned}$$

3. 用球面坐标表示运动位置

用球面坐标表示手臂运动位置向量。这个方法对应于沿 x 轴平移 r,再绕 y 轴旋转 β 角,最后绕 z 轴旋转角 α,如图 2-22(b)所示,即为

$$Sph(\alpha,\beta,r) = \boldsymbol{R}_{ot}(z,\alpha)\boldsymbol{R}_{ot}(y,\beta)\text{Trans}(0,0,r) \tag{2.26}$$

式中,Sph 表示球面坐标组合变换。

$$Sph(\alpha,\beta,r) = \begin{bmatrix} \cos\alpha & -\sin\alpha & 0 & 0 \\ \sin\alpha & \cos\alpha & 0 & 0 \\ 0 & 0 & 1 & 0 \\ 0 & 0 & 0 & 1 \end{bmatrix} \begin{bmatrix} \cos\beta & 0 & \sin\beta & 0 \\ 0 & 1 & 0 & 0 \\ -\sin\beta & 0 & \cos\beta & 0 \\ 0 & 0 & 0 & 1 \end{bmatrix} \begin{bmatrix} 1 & 0 & 0 & r \\ 0 & 1 & 0 & 0 \\ 0 & 0 & 1 & 0 \\ 0 & 0 & 0 & 1 \end{bmatrix}$$

$$= \begin{bmatrix} \cos\alpha\cos\beta & -\sin\alpha & \cos\alpha\sin\beta & r\cos\alpha\sin\beta \\ \sin\alpha\cos\beta & \cos\alpha & \sin\alpha\sin\beta & r\sin\alpha\sin\beta \\ -\sin\beta & 0 & \cos\beta & r\cos\beta \\ 0 & 0 & 0 & 1 \end{bmatrix} \tag{2.27}$$

2.2.3 连杆描述及变换矩阵

1. 连杆参数及连杆坐标系的建立

以机器人手臂的某一连杆为例,如图 2-23 所示,连杆 n 两端有关节 n 和 $n+1$。可以通过连杆长度和转角这两个几何参数描述该连杆。由于连杆两端的关节分别有其各自的关节轴线,通常情况下这两条轴线是空间异面直线,那么这两条异面直线的公垂线段的长 a_n 即为连杆长度,这两条异面直线间的夹角 α_n 即为连杆转角。

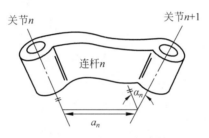

图 2-23　连杆的几何参数

如图 2-24 所示,相邻杆件 n 与 $n-1$ 的关系参数可由连杆转角和连杆距离描述。沿关节 n 轴线两个公垂线间的距离 d_n 即为连杆距离;垂直于关节 n 轴线的平面内两个公垂线的夹角 θ_n 即为连杆转角。

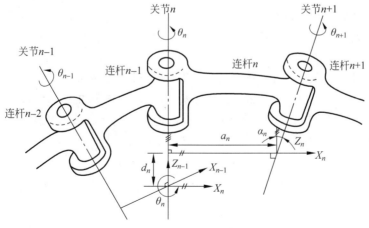

图 2-24　连杆的关系参数

这样,每个连杆可以由 4 个参数来描述,其中两个是连杆尺寸,两个表示连杆与相邻连杆的连接关系。当连杆 n 旋转时,θ_n 随之改变,为关节变量,其他 3 个参数不变;当连杆进行平移运动时,d_n 随之改变,为关节变量,其他 3 个参数不变。确定连杆的运动类型,同时根据关节变量即可设计关节运动副,从而进行整个机器人的结构设计。已知各关节变量的值,便可从基座固定坐标系通过连杆坐标系的传递,推导出手部坐标系位姿形态。

建立连杆坐标系的规则如下:

(1) 连杆 n 坐标系的坐标原点位于 $n+1$ 关节轴线上,是关节 $n+1$ 的关节轴线与 n 和 $n+1$ 关节轴线公垂线的交点。

(2) Z 轴与 $n+1$ 关节轴线重合。

(3) X 轴与公垂线重合,从 n 指向 $n+1$ 关节。

(4) Y 轴按右手法则确定。

连杆参数与坐标系的建立如表 2-1 所示。

表 2-1　连杆参数与坐标系的建立

连杆的参数				
名　称		含　义	正　负	性　质
转角	θ_n	连杆 n 绕关节 n 的 Z_{n-1} 轴的转角	右手法则	关节转动时为变量
距离	d_n	连杆 n 沿关节 n 的 Z_{n-1} 轴的位移	沿 Z_{n-1} 正向为+	关节移动时为变量
长度	a_n	沿 X_n 方向上连杆 n 的长度	与 X_n 正向一致	尺寸参数,常量
扭角	α_n	连杆 n 两关节轴线之间的扭角	右手法则	尺寸参数,常量

连杆 n 的坐标系 $O_n X_n Y_n Z_n$			
原点 O_n	轴 X_n	轴 Y_n	轴 Z_n
位于关节 $n+1$ 轴线与连杆 n 两关节轴线的公垂线的交点处	沿连杆 n 两关节轴线之公垂线,并指向 $n+1$ 关节	根据轴 X_n、Z_n 按右手法则确定	与关节 $n+1$ 轴线重合

各连杆坐标系建立后,$n-1$ 系与 n 系间变换关系可用坐标系的平移、旋转来实现。从 $n-1$ 系到 n 系的变换步骤如下:

(1) 令 $n-1$ 系绕 Z_{n-1} 轴旋转 θ_n 角,使 X_{n-1} 与 X_n 平行,算子为 $\boldsymbol{R}_{ot}(z,\theta_n)$。

(2) 沿 Z_{n-1} 轴平移 d_n,使 X_{n-1} 与 X_n 重合,算子为 $\text{Trans}(0,0,d_n)$。

(3) 沿 X_n 轴平移 a_n,使两个坐标系原点重合,算子为 $\text{Trans}(a_n,0,0)$。

(4) 绕 X_n 轴旋转 α_n 角,使得 $n-1$ 系与 n 系重合,算子为 $\boldsymbol{R}_{ot}(x,\theta_n)$。

用一个总的变换矩阵 $\boldsymbol{A}_n$ 来表示该变换过程,连杆 n 的齐次变换矩阵为

$$\boldsymbol{A}_n = \boldsymbol{R}_{ot}(z,\theta_n)\text{Trans}(0,0,d_n)\text{Trans}(a_{n,0,0})\boldsymbol{R}_{ot}(x,a_n)$$

$$= \begin{bmatrix} \cos\theta_n & -\sin\theta_n & 0 & 0 \\ \sin\theta_n & \cos\theta_n & 0 & 0 \\ 0 & 0 & 1 & 0 \\ 0 & 0 & 0 & 1 \end{bmatrix} \begin{bmatrix} 1 & 0 & 0 & 0 \\ 0 & 1 & 0 & 0 \\ 0 & 0 & 1 & d_n \\ 0 & 0 & 0 & 1 \end{bmatrix} \begin{bmatrix} 1 & 0 & 0 & a_n \\ 0 & 1 & 0 & 0 \\ 0 & 0 & 1 & 0 \\ 0 & 0 & 0 & 1 \end{bmatrix} \begin{bmatrix} 1 & 0 & 0 & 0 \\ 0 & \cos a_n & -\sin a_n & 0 \\ 0 & \sin a_n & \cos a_n & 0 \\ 0 & 0 & 0 & 1 \end{bmatrix}$$

$$= \begin{bmatrix} \cos\theta_n & -\sin\theta_n\cos a_n & \sin\theta_n\sin a_n & a_n\cos\theta_n \\ \sin\theta_n & \cos\theta_n\cos a_n & -\cos\theta_n\sin a_n & a_n\sin\theta_n \\ 0 & \sin a_n & \cos a_n & d_n \\ 0 & 0 & 0 & 1 \end{bmatrix}$$

2. 连杆变换矩阵

在对全部连杆规定坐标系之后(图 2-25),按照下列顺序用两个旋转和两个平移来建立相邻两连杆坐标系 $i-1$ 与 i 之间的相对关系,见图 2-26。

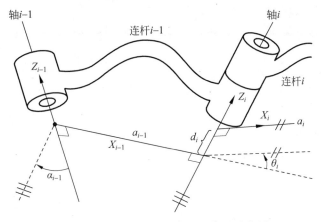

图 2-25 连杆四参数及坐标系建立示意图

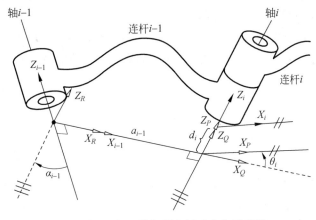

图 2-26 连杆两端相邻坐标系变换示意图

(1) 绕 x_{i-1} 轴旋转 α_{i-1} 角,使 Z_{i-1} 转到 Z_R,同 Z_i 方向一致,使坐标系 $\{i-1\}$ 过渡到 $\{R\}$,对应变换 $\boldsymbol{R}_{ot}(x,\alpha_{i-1})$。

(2) 坐标系 $\{R\}$ 沿 x_{i-1} 或 x_R 轴平移距离 a_{i-1},把坐标系移到 i 轴上,使坐标系 $\{R\}$ 过渡到 $\{Q\}$,对应变换 $\mathrm{Trans}(a_{i-1},0,0)$。

(3) 坐标系 $\{Q\}$ 绕 Z_Q 或 Z_i 轴转动 θ_i 角,使 $\{Q\}$ 过渡到 $\{P\}$,对应变换 $\boldsymbol{R}_{ot}(z,\theta_i)$。

(4) 坐标系 $\{P\}$ 再沿 Z_i 轴平移一距离 d_i,使 $\{P\}$ 过渡到和 i 杆的坐标系 $\{i\}$ 重合,对应变换 $\mathrm{Trans}(0,0,d_i)$。

这种关系可由表示连杆 i 对连杆 $i-1$ 相对位置的 4 个齐次变换来描述。根据坐标系

变换的链式法则,坐标系$\{i-1\}$到坐标系$\{i\}$的变换矩阵可以写成

$$_i^{i-1}\boldsymbol{T} = {}_R^{i-1}\boldsymbol{T}{}_Q^R\boldsymbol{T}{}_P^Q\boldsymbol{T}{}_i^P\boldsymbol{T} \tag{2.28}$$

因为所有变换都是相对于动坐标系的,所以坐标系$\{i\}$和$\{i-1\}$之间的变换矩阵为

$$_i^{i-1}\boldsymbol{T} = \boldsymbol{R}_{ot}(x,\alpha_{i-1})\,\mathrm{Trans}(a_{i-1},0,0)\boldsymbol{R}_{ot}(z,\theta_i)\,\mathrm{Trans}(0,0,d_i) \tag{2.29}$$

式中,各独立变换矩阵如下:

$$\boldsymbol{R}_{ot}(x,\alpha_{i-1}) = \begin{bmatrix} 1 & 0 & 0 & 0 \\ 0 & \cos\alpha_{i-1} & -\sin\alpha_{i-1} & 0 \\ 0 & \sin\alpha_{i-1} & \cos\alpha_{i-1} & 0 \\ 0 & 0 & 0 & 1 \end{bmatrix}, \quad \mathrm{Trans}(a_{i-1},0,0) = \begin{bmatrix} 1 & 0 & 0 & a_{i-1} \\ 0 & 1 & 0 & 0 \\ 0 & 0 & 1 & 0 \\ 0 & 0 & 0 & 1 \end{bmatrix}$$

$$\boldsymbol{R}_{ot}(z,\theta_i) = \begin{bmatrix} \cos\theta_i & -\sin\theta_i & 0 & 0 \\ \sin\theta & \cos\theta_i & 0 & 0 \\ 0 & 0 & 1 & 0 \\ 0 & 0 & 0 & 1 \end{bmatrix}, \quad \mathrm{Trans}(0,0,d_i) = \begin{bmatrix} 1 & 0 & 0 & 0 \\ 0 & 1 & 0 & 0 \\ 0 & 0 & 1 & d_i \\ 0 & 0 & 0 & 1 \end{bmatrix}$$

得到连杆间的通用变换公式如下:

$$_i^{i-1}\boldsymbol{T} = \begin{bmatrix} \cos\theta_i & -\sin\theta_i & 0 & a_{i-1} \\ \sin\theta_i\cos\alpha_{i-1} & \cos\theta_i\cos\alpha_{i-1} & -\sin\alpha_{i-1} & -d_i\sin\alpha_{i-1} \\ \sin\theta_i\sin\alpha_{i-1} & \cos\theta_i\sin\alpha_{i-1} & \cos\alpha_{i-1} & d_i\cos\alpha_{i-1} \\ 0 & 0 & 0 & 1 \end{bmatrix} \tag{2.30}$$

如果机器人 6 个关节中的变量分别是 θ_1、θ_2、d_3、θ_4、θ_5、θ_6,则末端相对基座的齐次矩阵也应该是包含这 6 个变量的 4×4 矩阵,即

$$_6^0\boldsymbol{T}(\theta_1,\theta_2,d_3,\theta_4,\theta_5,\theta_6) = {}_1^0\boldsymbol{T}(\theta_1){}_2^1\boldsymbol{T}(\theta_2){}_3^2\boldsymbol{T}(d_3){}_4^3\boldsymbol{T}(\theta_4){}_5^4\boldsymbol{T}(\theta_5){}_6^5\boldsymbol{T}(\theta_6) \tag{2.31}$$

上式就是机器人正向运动学的表达式,即已知机器人各关节值,计算出末端相对于基座的位姿。

2.3 机器人运动模型

移动机器人机构涉及物体的运动学,但并不考虑引起运动的力或力矩。由于机器人机构是为运动而精心设计的,所以运动学是机器人设计、分析、控制和仿真的基础。

本节讨论几种常见的轮式移动机器人的运动学分析。移动机器人的运动学分析分为运动学正向解和运动学反向解。

运动学正向解是一个"观测"问题,通过编码器这种简单的传感器可以方便地测出每个轮子的转速$(V_1,V_2,\cdots,V_n)$,然后通过运动学正解得到机器人运动的线速度 V_l,以及角速度 V_{th}(图 2-27)。

图 2-27 运动学正向解

运动学反向解是一个"控制"问题,对于车体移动的控制,我们期望控制量是车体运动的线速度(V_l)和角速度(V_{th}),但是实际中能够直接控制的是每个车轮电动机的速度(V_1,$V_2,\cdots,V_n$)。运动学反向解正是连接(V_l,V_{th})到(V_1,$V_2,\cdots,V_n$)的纽带,如图 2-28 所示。

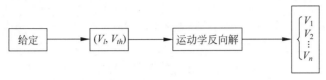

图 2-28　运动学反向解

2.3.1　两轮机器人运动学

两轮差动模型是最常见的移动机器人运动模型之一,两轮差动机器人由两个驱动轮以及一个或是多个万向轮组成。图 2-29 为两种比较典型的两轮差动模型。

1. 两轮差动运动学正解

图 2-30 是机器人在相邻两个时刻的位姿。

图 2-29　典型的两种两轮差动模型

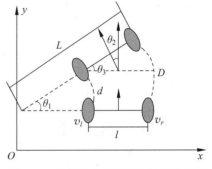

图 2-30　机器人在相邻两个时刻的位姿

其中:

l：两轮之间的距离;

L：在 Δt 期间机器人的旋转半径;

v_l：左轮线速度;

v_r：右轮线速度;

θ_2：机器人旋转角度;

d：左轮在 Δt 期间的位移;

D：右轮在 Δt 期间的位移;

V：机器人移动的线速度。

显然,机器人移动的线速度 V 为左右轮速度的平均值,如式(2.32)所示:

$$V = \frac{v_l + v_r}{2} \tag{2.32}$$

由图 2-30 几何关系可以得到式(2.33):

$$\theta_1 = \theta_2 = \theta_3 \tag{2.33}$$

左右两轮在 Δt 期间的位移差为

$$D - d = (v_r - v_l) \cdot \Delta t \tag{2.34}$$

其中，

$$D = L \cdot \theta_1 \tag{2.35}$$

$$d = (L - l) \cdot \theta_1 \tag{2.36}$$

由式(2.34)~式(2.36)可得

$$(L - l) \cdot \theta_1 + (v_r - v_l) \cdot \Delta t = L \cdot \theta_1 \tag{2.37}$$

由式(2.37)可得

$$\frac{\theta_1}{\Delta t} = \frac{v_r - v_l}{l} = \omega \tag{2.38}$$

故两轮差动机器人的线速度和角速度,即两轮差动模型的运动学正解为

$$\begin{cases} \omega = \dfrac{v_r - v_l}{l} \\ V = \dfrac{v_l + v_r}{2} \end{cases} \tag{2.39}$$

2. 两轮差动运动学反解

将式(2.39)中的运动学正解进行反运算,可得反解,如式(2.40)所示:

$$\begin{cases} v_r = V + \dfrac{\omega l}{2} \\ v_l = V - \dfrac{\omega l}{2} \end{cases} \tag{2.40}$$

2.3.2 三轮全向运动模型

三轮全向移动底盘因其良好的运动性并且结构简单,近年来备受欢迎。3 个轮子互相间隔 120°,每个全向轮由若干小滚轮组成,各小滚轮的母线组成一个完整的圆。机器人既可以沿轮面的切线方向移动,也可以沿轮子的轴线方向移动,这两种运动组合起来即可以实现平面内任意方向的运动。

图 2-31 为典型的三轮全向底盘以及一个以三轮全向为底盘的机器人。

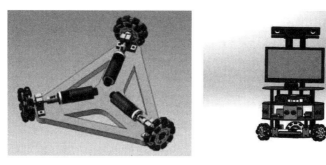

图 2-31 三轮全向底盘以及三轮全向机器人

1. 运动学反解

为便于运动学分析,我们假设以下理想情况:3 个轮子相对于车体的中轴线对称,且物

理尺寸、重量等完全一致;上层负载均衡,机器人的重心与3个轮子转动轴线的交点重合; 3个轮体与地面摩擦力足够大,不会发生打滑现象;机器人中心到3个全向轮的距离相等。 如图2-32所示:

XOY:机器人自身坐标系;

v_y:机器人沿自身坐标系Y方向移动的速度;

v_x:机器人沿自身坐标系X方向移动的速度;

v_θ:机器人绕自身中心的旋转速度;

L:轮子到底盘中心的距离;

v_1,v_2,v_3:3个轮子的线速度;

δ:轮子3与Y轴正方向夹角,这里$\delta=60°$;

约定逆时针旋转为正。

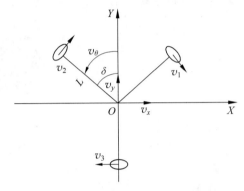

图2-32 三轮全向底盘运动学分析

如图2-32所示,将轮1的线速度v_1分解到机器人自身坐标的X、Y轴上,可得

$$v_1 = v_x \cdot \cos\delta - v_y \cdot \sin\delta - L \cdot v_\theta \tag{2.41}$$

同理可得

$$v_2 = v_x \cdot \cos\delta + v_y \cdot \sin\delta - L \cdot v_\theta \tag{2.42}$$

$$v_3 = -v_x - L \cdot v_\theta \tag{2.43}$$

写成矩阵的形式:

$$\begin{bmatrix} v_1 \\ v_2 \\ v_3 \end{bmatrix} = \begin{bmatrix} \cos\delta & -\sin\delta & -L \\ \cos\delta & \sin\delta & -L \\ -1 & 0 & -L \end{bmatrix} \begin{bmatrix} v_x \\ v_y \\ v_\theta \end{bmatrix} \tag{2.44}$$

将$\delta=60°$代入,得

$$\begin{bmatrix} v_1 \\ v_2 \\ v_3 \end{bmatrix} = \begin{bmatrix} \dfrac{1}{2} & -\dfrac{\sqrt{3}}{2} & -L \\ \dfrac{1}{2} & \dfrac{\sqrt{3}}{2} & -L \\ -1 & 0 & -L \end{bmatrix} \begin{bmatrix} v_x \\ v_y \\ v_\theta \end{bmatrix} \tag{2.45}$$

2. 运动学正解

将式(2.45)求逆运算得到三轮全向的运动学正解,如式(2.46)所示:

$$
\begin{bmatrix} v_x \\ v_y \\ v_\theta \end{bmatrix} = \begin{bmatrix} \dfrac{1}{3} & \dfrac{1}{3} & -\dfrac{2}{3} \\ -\dfrac{1}{\sqrt{3}} & \dfrac{1}{\sqrt{3}} & 0 \\ -\dfrac{1}{3L} & -\dfrac{1}{3L} & -\dfrac{1}{3L} \end{bmatrix} \begin{bmatrix} v_1 \\ v_2 \\ v_3 \end{bmatrix} \tag{2.46}
$$

2.3.3　四轮全驱滑移运动模型

四轮全驱滑移模型是一种比较常见的户外运动车体模型,具有动力足、转弯半径小等特点。图 2-33 为四轮全驱滑移运动模型车体。

1. 四轮全驱滑移运动学正解

四轮全驱滑移运动学分析与两轮差动运动学分析相似,图 2-34 为相邻两个时刻机器人的位姿,两个时刻时间间隔为 Δt。

XOY:车体移动的全局坐标系;

v_1, v_2, v_3, v_4:机器人 4 个轮子的线速;

v_l:机器人移动的线速度;

v_{rth}:机器人右侧绕中心旋转的线速度;

v_{lth}:机器人左侧绕中心旋转的线速度;

图 2-33　四轮全驱滑移运动模型实物图

v_Ω:机器人旋转的角速度;

L:机器人前后轮之间的距离;

W:机器人左右轮之间的距离;

D:机器人在 Δt 期间的旋转半径;

θ_1:机器人轮子线速度和旋转线速度之间的夹角;

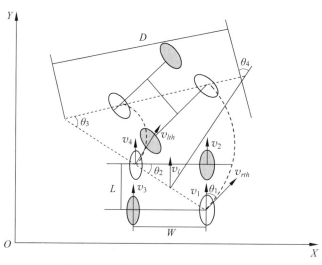

图 2-34　四轮全驱滑移运动模型分析图

θ_2：在 Δt 期间机器人旋转的角度。

为了达到最优控制效果，四轮滑移模型采用控制左边两轮的速度相等，右边两个轮子的速度相等的方法，利用左右轮的差速实现车体的转动，即

$$\begin{cases} v_1 = v_2 \\ v_3 = v_4 \end{cases} \tag{2.47}$$

显然，机器人线速度 v_l 是左右轮速度的平均值，即

$$v_l = \frac{v_1 + v_4}{2} \tag{2.48}$$

车体右侧绕车体中心旋转的线速度为

$$v_{rth} = v_1 \cdot \cos\theta_1 \tag{2.49}$$

由于 $\theta_1 = \theta_2$，故

$$\cos\theta_1 = \frac{\omega}{\sqrt{W^2 + L^2}} \tag{2.50}$$

所以，

$$v_{rth} = v_1 \cdot \frac{\omega}{\sqrt{W^2 + L^2}} \tag{2.51}$$

同理，车体左侧绕车体中心旋转的线速度 v_{lth} 的表达式为

$$v_{lth} = v_4 \cdot \frac{\omega}{\sqrt{W^2 + L^2}} \tag{2.52}$$

同理，通过两轮差动模型的运动学正解运算得车体旋转的角速度为

$$v_\Omega = \frac{v_{rth} - v_{lth}}{\sqrt{W^2 + L^2}} \tag{2.53}$$

即

$$v_\Omega = \frac{W \cdot (v_1 - v_4)}{W^2 + L^2} \tag{2.54}$$

综上可得四轮全驱滑移模型的运动学正解：

$$\begin{cases} v_\Omega = \dfrac{W \cdot (v_1 - v_4)}{W^2 + L^2} \\ v_l = \dfrac{v_1 + v_4}{2} \end{cases} \tag{2.55}$$

2. 四轮全驱滑移运动学反解

将式(2.55)做运动学逆运算，可得四轮全驱滑移模型的运动学反解为

$$\begin{cases} v_1 = v_l + \dfrac{W^2 + L^2}{2W} v_\Omega \\ v_4 = v_l - \dfrac{W^2 + L^2}{2W} v_\Omega \\ v_2 = v_1 \\ v_3 = v_4 \end{cases} \tag{2.56}$$

2.3.4　四轮全向运动模型

四轮全向机器人一般采用麦克纳姆轮作为驱动轮,动力方面采用四轮全驱的方式。麦克纳姆轮由两大部分组成:轮毂和辊子。轮毂是整个轮子的主体支架,辊子是安装在轮毂上的鼓状物。麦克纳姆轮的轮毂轴与辊子转轴呈 45°。理论上,这个夹角可以是任意值,根据不同的夹角可以制作出不同的轮子,但最常用的还是 45°。图 2-35 所示为一个典型的麦克纳姆轮。

麦克纳姆轮一般是 4 个一组使用,两个左旋轮,两个右旋轮。左旋轮和右旋轮呈手形对称,区别如图 2-36 所示。

图 2-35　典型麦克纳姆轮

图 2-36　麦克纳姆轮左右旋轮

安装方式有多种,主要分为 X-正方形、X-长方形、O-正方形、O-长方形。其中,X 和 O 表示 4 个轮子与地面接触的辊子所形成的图形;正方形与长方形指的是 4 个轮子与地面接触点所围成的形状,如图 2-37 所示。

图 2-37　麦克纳姆轮 4 种安装方式

X-正方形:轮子转动产生的力矩会经过同一个点,所以偏转轴无法主动旋转,也无法主动保持偏转轴的角度。一般几乎不会使用这种安装方式。

X-长方形:轮子转动可以产生偏转轴转动力矩,但转动力矩的力臂一般会比较短。这种安装方式也不多见。

O-正方形:4 个轮子位于正方形的 4 个顶点,平移和旋转都没有任何问题。受限于机器人底盘的形状、尺寸等因素,这种安装方式虽然理想,但可遇而不可求。

O-长方形:轮子转动可以产生偏转轴转动力矩,而且转动力矩的力臂会比较长,这是最常见的安装方式。

下面介绍最常见的 O-长方形安装方式的运动学正反解。

1. 四轮全向底盘运动学反解

由于麦克纳姆轮底盘的数学模型比较复杂,在此分 4 步进行:

(1) 将底盘的运动分解为 3 个独立变量进行描述;

(2) 根据(1)的结果,计算出每个轮子轴心位置的速度;

(3) 根据(2)的结果,计算出每个轮子与地面接触的辊子的速度;

(4) 根据(3)的结果,计算出轮子的真实转速。

1) 底盘运动分解

我们知道,刚体在平面内的运动可以分解为 3 个独立分量:X 轴平动、Y 轴平动、偏转轴自转。如图 2-38 所示,底盘的运动也可以分解为 3 个分量:

$\boldsymbol{v}_{tx}$ 表示 X 轴方向上的运动速度,即左右方向,定义向右为正;

$\boldsymbol{v}_{ty}$ 表示 Y 轴方向上的运动速度,即前后方向,定义向前为正;

$\boldsymbol{\omega}$ 表示绕偏转轴自转的角速度,定义逆时针为正。

以上 3 个量一般被视为 4 个轮子几何中心(矩形的对角线交点)的速度。

2) 计算出轮子轴心位置的速度

定义(图 2-39):

$\boldsymbol{r}$ 为从几何中心指向轮子轴心的向量;

$\boldsymbol{v}$ 为轮子轴心的运动速度向量;

$\boldsymbol{v}_r$ 为轮子轴心沿垂直于 $\boldsymbol{r}$ 方向(即切线方向)的速度分量。

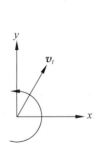

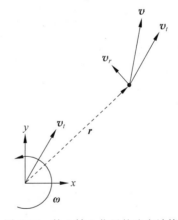

图 2-38 底盘在平面上的运动分解　　图 2-39 轮 1 轴心位置的速度计算

那么可以计算出

$$\boldsymbol{v} = \boldsymbol{v}_t + \boldsymbol{\omega} \cdot \boldsymbol{r} \tag{2.57}$$

分别计算 X、Y 轴的分量为

$$\begin{cases} \boldsymbol{v}_x = \boldsymbol{v}_{tx} - \boldsymbol{\omega} \cdot \boldsymbol{r}_y \\ \boldsymbol{v}_y = \boldsymbol{v}_{ty} + \boldsymbol{\omega} \cdot \boldsymbol{r}_x \end{cases} \tag{2.58}$$

同理,可以算出其他 3 个轮子轴心的速度(图 2-40)。

3）计算辊子的速度

根据轮子轴心的速度，可以分解出沿辊子方向的速度 $\boldsymbol{v}_{\parallel}$ 和垂直于辊子方向的速度 $\boldsymbol{v}_{\perp}$。其中，$\boldsymbol{v}_{\perp}$ 是可以忽视的（图 2-41），而

$$\boldsymbol{v}_{\parallel} = \boldsymbol{v} \cdot \boldsymbol{u} = (\boldsymbol{v}_x \boldsymbol{l} + \boldsymbol{v}_y \boldsymbol{j}) \cdot \left(-\frac{1}{\sqrt{2}}\boldsymbol{l} + \frac{1}{\sqrt{2}}\boldsymbol{j}\right) = -\frac{1}{\sqrt{2}}\boldsymbol{v}_x + \frac{1}{\sqrt{2}}\boldsymbol{v}_y \tag{2.59}$$

其中，$\boldsymbol{u}$ 是沿辊子方向的单位向量。

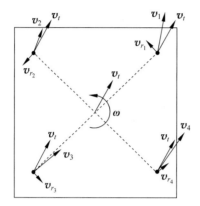

图 2-40　4 个轮子轴心位置的速度计算

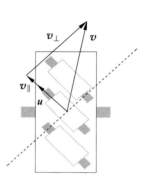

图 2-41　计算辊子的速度

4）计算轮子的速度

从辊子速度到轮子转速的计算比较简单（图 2-42）：

$$\boldsymbol{v}_\omega = \frac{\boldsymbol{v}_{\parallel}}{\cos 45°} = \sqrt{2}\left(-\frac{1}{\sqrt{2}}\boldsymbol{v}_x + \frac{1}{\sqrt{2}}\boldsymbol{v}_y\right) = -\boldsymbol{v}_x + \boldsymbol{v}_y \tag{2.60}$$

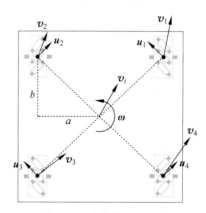

图 2-42　计算轮子的速度

由图 2-42 中 a、b 的定义以及式（2.58），有

$$\begin{cases} \boldsymbol{v}_x = \boldsymbol{v}_{tx} - \boldsymbol{\omega} \cdot \boldsymbol{b} \\ \boldsymbol{v}_y = \boldsymbol{v}_{ty} + \boldsymbol{\omega} \cdot \boldsymbol{a} \end{cases} \tag{2.61}$$

将式（2.61）代入式（2.60），得到轮子 1 的线速度为

$$\boldsymbol{v}_\omega = \boldsymbol{v}_{ty} - \boldsymbol{v}_{tx} + \boldsymbol{\omega}(\boldsymbol{a} + \boldsymbol{b}) \tag{2.62}$$

同理，可以得到其他 3 个轮的线速度（过程读者可以自己推理）。式（2.63）为四轮全向

运动模型的运动学反解：

$$\begin{cases} \boldsymbol{v}_{\omega 1} = \boldsymbol{v}_{ty} - \boldsymbol{v}_{tx} + \boldsymbol{\omega}(a+b) \\ \boldsymbol{v}_{\omega 2} = \boldsymbol{v}_{ty} + \boldsymbol{v}_{tx} - \boldsymbol{\omega}(a+b) \\ \boldsymbol{v}_{\omega 3} = \boldsymbol{v}_{ty} - \boldsymbol{v}_{tx} - \boldsymbol{\omega}(a+b) \\ \boldsymbol{v}_{\omega 4} = \boldsymbol{v}_{ty} + \boldsymbol{v}_{tx} + \boldsymbol{\omega}(a+b) \end{cases} \tag{2.63}$$

2. 四轮全向底盘运动学正解

将式(2.63)中 3 个方程求逆运算，得到四轮全向底盘运动学反解，如式(2.64)所示：

$$\begin{cases} \boldsymbol{v}_{tx} = \dfrac{\boldsymbol{v}_{\omega 4} - \boldsymbol{v}_{\omega 1}}{2} \\ \boldsymbol{v}_{ty} = \dfrac{\boldsymbol{v}_{\omega 2} + \boldsymbol{v}_{\omega 1}}{2} \\ \boldsymbol{\omega} = \dfrac{\boldsymbol{v}_{\omega 4} - \boldsymbol{v}_{\omega 2}}{a+b} \end{cases} \tag{2.64}$$

本节对常见的 4 种运动模型进行了运动学分析，在运动学分析的基础上编写程序控制机器人运动以及获取机器人运动的里程信息就更加容易。若给定机器人在场地坐标系下的期望速度向量，则全向轮的角速度即可确定。因此，机器人的速度控制问题可以转化为电动机的转速控制问题。开发者对机器人普遍采用的直流伺服电动机的转速控制技术已经非常成熟，通过简单的数字 PID 控制方法实现对直流伺服电动机转速的控制。随着全向移动技术的日益成熟，目前机器人比赛的中型组和小型组队伍普遍采用全向移动机器人，其运动的灵活性较传统的双轮移动机器人有了质的飞跃。当然，全向移动机器人还存在一些不足，如负载和越障能力较差，能量效率比传统双轮机器人低。

2.4 逆运动学问题解法

前面强调，从运动学方程中求解关节变量 $\theta_1, \theta_2, \cdots, \theta_n$ 是一个非线性方程组求解问题。非线性方程组求解方法分为封闭(解析)解法和数值解法两大类。随着计算机技术的发展，数值解法已经成为非线性方程组求解的基本方法。然而，数值解法并不适用于逆运动学问题求解。一是机械臂操作需要频繁求解逆运动学问题，导致数值解法计算量比较大；二是数值解法不能保证求出全部解。所以逆运动学问题一般只采用封闭(解析)解法。

机器人逆运动学问题涉及复杂的非线性方程组求解，而从数学角度分析一般的非线性方程组经常没有封闭(解析)解。不过，对于机械臂逆运动学问题存在合适的解决方案，因为机械臂是人造机构，只需将其设计成存在封闭解的结构即可解决该问题。理论上已经证明，对于 6 自由度机械臂，存在封闭解的充分条件是有相邻的 3 个关节轴相交于一点。因此，已经设计出来的 6 自由度机械臂几乎都有 3 个相交的关节轴，例如 PUMA560 的 4、5、6 轴交于一点。

对于平面机械臂的逆运动学问题，可以采用几何方法进行求解。下面介绍欧拉变换、滚仰偏、球面变换的求解方法，并以 PUMA560 为例介绍 6 自由度机械臂的逆运动学问题的求解方法。

2.4.1 欧拉变换解

采用欧拉角表示的坐标变换,其逆问题是根据给定旋转矩阵 $\boldsymbol{R}_{xyz}$ 确定对应的欧拉角。假设给定的旋转矩阵如下:

$$\boldsymbol{R}_{xyz} = \begin{bmatrix} n_x & o_x & a_x \\ n_y & o_y & a_y \\ n_z & o_z & a_z \end{bmatrix} \tag{2.65}$$

根据欧拉变换方程式可得如下 9 个方程:

$$\begin{cases} n_x = \cos\varphi\cos\theta\cos\psi - \sin\varphi\sin\psi \\ n_y = \sin\varphi\cos\theta\cos\psi + \cos\varphi\sin\psi \\ n_z = -\sin\theta\cos\psi \\ o_x = -\cos\varphi\cos\theta\sin\psi - \sin\varphi\cos\psi \\ o_y = -\sin\varphi\cos\theta\sin\psi + \cos\varphi\cos\psi \\ o_z = \sin\theta\sin\psi \\ a_x = \cos\varphi\sin\theta \\ a_y = \sin\varphi\sin\theta \\ a_z = \cos\theta \end{cases} \tag{2.66}$$

根据式(2.64)可知

$$\boldsymbol{R}_{ot}(z,\varphi)^{-1}\boldsymbol{R}_{xyz} = \boldsymbol{R}_{ot}(y,\theta)\boldsymbol{R}_{ot}(z,\psi) \tag{2.67}$$

即

$$\begin{bmatrix} \cos\varphi & \sin\varphi & 0 \\ -\sin\varphi & \cos\varphi & 0 \\ 0 & 0 & 1 \end{bmatrix}\begin{bmatrix} n_x & o_x & a_x \\ n_y & o_y & a_y \\ n_z & o_z & a_z \end{bmatrix} = \begin{bmatrix} \cos\theta\cos\psi & -\cos\theta\sin\psi & \sin\theta \\ \sin\psi & \cos\psi & 0 \\ -\sin\theta\cos\psi & \sin\theta\sin\psi & \cos\theta \end{bmatrix}$$

式中,矩阵两边对应(2,3)元素相等,得

$$-a_x\sin\varphi + a_y\cos\varphi = 0 \Rightarrow \tan\varphi = \frac{a_y}{a_x} \tag{2.68}$$

所以得 φ 的两个解:

$$\varphi = \arctan2(a_y, a_x), \quad \varphi = \varphi + \pi \tag{2.69}$$

对应(1,3)和(3,3)元素相等,得 $\sin\theta = a_x\cos\varphi + a_y\sin\varphi, \cos\theta = a_z$,所以有

$$\theta = \arctan2(\cos\varphi a_x + \sin\varphi a_y, a_z) \tag{2.70}$$

对应(2,1)和(2,2)元素相等,得 $\sin\psi = -n_x\sin\varphi + n_y\cos\varphi, \cos\psi = -o_x\sin\varphi + o_y\cos\varphi$,所以有

$$\psi = \arctan2(-n_x\sin\varphi + n_y\cos\varphi, -o_x\sin\varphi + o_y\cos\varphi) \tag{2.71}$$

因此,欧拉变换解计算过程并不复杂,根据以上计算过程我们知道该问题一般存在两个解。当 $\theta = 0$ 时,根据式(2.68)知 $a_y = a_x = 0$,此时式(2.69)将不能确定 φ 的值。此时绕 Z 轴连续做两次旋转,且不能确定每次转的角度,属于欧拉角奇异情况。

2.4.2 滚、仰、偏变换解

同理,根据欧拉变换解的求解方式也可以用来求解滚动、俯仰、偏转表示的变化方程,根

据滚、仰、偏方程,可得

$$\boldsymbol{R}_{ot}(z,\varphi)^{-1}\boldsymbol{R}_{xyz}=\boldsymbol{R}_{ot}(y,\theta)\boldsymbol{R}_{ot}(x,\psi) \tag{2.72}$$

$$\begin{bmatrix} \cos\varphi & \sin\varphi & 0 \\ -\sin\varphi & \cos\varphi & 0 \\ 0 & 0 & 1 \end{bmatrix}\begin{bmatrix} n_x & o_x & a_x \\ n_y & o_y & a_y \\ n_z & o_z & a_z \end{bmatrix}=\begin{bmatrix} \cos\theta & \sin\theta\sin\psi & \sin\theta\cos\psi \\ 0 & \cos\psi & -\sin\psi \\ -\sin\theta & \cos\theta\sin\psi & \cos\theta\cos\psi \end{bmatrix}$$

左右(2,1)两边对应元素相等,得

$$-\sin\varphi n_x+\cos\varphi n_y=0 \tag{2.73}$$

解得

$$\varphi=\arctan2(n_y,n_x) \tag{2.74}$$
$$\varphi=\varphi+180° $$

同理,左右(2,1)和(1,1)两边对应元素相等,得

$$-\sin\theta=n_z \tag{2.75}$$
$$\cos\theta=\cos\varphi n_x+\sin\varphi n_y \tag{2.76}$$

解得

$$\theta=\arctan2(-n_z,\cos\varphi n_x+\sin\varphi n_y) \tag{2.77}$$

同理,左右(2,3)和(2,2)两边对应元素相等,得

$$-\sin\psi=-\sin\varphi a_x+\cos\varphi a_y \tag{2.78}$$
$$\cos\psi=-\sin\varphi o_x+\cos\varphi o_y \tag{2.79}$$

解得

$$\psi=\arctan2(\sin\varphi a_x-\cos\varphi a_y,-\sin\varphi o_x+\cos\varphi o_y) \tag{2.80}$$

综合可以解得 RPY 变换解如下:

$$\varphi=\arctan2(n_y,n_x)$$
$$\varphi=\varphi+180°$$
$$\theta=\arctan2(-n_z,\cos\varphi n_x+\sin\varphi n_y)$$
$$\psi=\arctan2(\sin\varphi a_x-\cos\varphi a_y,-\sin\varphi o_x+\cos\varphi o_y)$$

2.4.3 球面变换解

同理,根据欧拉变换解的求解方式,也可以用来求解球面表示的变化方程,根据球面变换方程,可得

$$\boldsymbol{R}_{ot}(z,\alpha)^{-1}\boldsymbol{T}=\boldsymbol{R}_{ot}(y,\beta)\mathrm{Trans}(0,0,r) \tag{2.81}$$

$$\begin{bmatrix} \cos\alpha & \sin\alpha & 0 & 0 \\ -\sin\alpha & \cos\alpha & 0 & 0 \\ 0 & 0 & 1 & 0 \\ 0 & 0 & 0 & 1 \end{bmatrix}\begin{bmatrix} n_x & o_x & a_x & p_x \\ n_y & o_y & a_y & p_y \\ n_z & o_z & a_z & p_z \\ 0 & 0 & 0 & 1 \end{bmatrix}=\begin{bmatrix} \cos\beta & 0 & \sin\beta & 0 \\ 0 & 1 & 0 & 0 \\ -\sin\beta & 0 & \cos\beta & 0 \\ 0 & 0 & 0 & 1 \end{bmatrix}\begin{bmatrix} 1 & 0 & 0 & 0 \\ 0 & 1 & 0 & 0 \\ 0 & 0 & 1 & r \\ 0 & 0 & 0 & 1 \end{bmatrix}$$

$$=\begin{bmatrix} \cos\beta & 0 & \sin\beta & r\sin\beta \\ 0 & 1 & 0 & 0 \\ -\sin\beta & 0 & \cos\beta & r\cos\beta \\ 0 & 0 & 0 & 1 \end{bmatrix}$$

左右两边(2,4)对应元素相等,得

$$-\sin\alpha p_x + \cos\alpha p_y = 0 \qquad (2.82)$$

解得

$$\alpha = \arctan2(p_y, p_x) \qquad (2.83)$$

$$\alpha = \alpha + 180° \qquad (2.84)$$

同理,可得

$$\cos\alpha p_x + \sin\alpha p_y = r\sin\beta \qquad (2.85)$$

$$p_z = r\cos\beta \qquad (2.86)$$

当 $r>0$ 时,有

$$\beta = \arctan2(\cos\alpha p_x + \sin\alpha p_y, p_z) \qquad (2.87)$$

$$r = \sin\beta(\cos\alpha p_x + \sin\alpha p_y) + \cos\beta p_z \qquad (2.88)$$

综合可以解得球面变换解如下:

$$\alpha = \arctan2(p_y, p_x)$$

$$\alpha = \alpha + 180°$$

$$\beta = \arctan2(\cos\alpha p_x + \sin\alpha p_y, p_z)$$

$$r = \sin\beta(\cos\alpha p_x + \sin\alpha p_y) + \cos\beta p_z$$

2.4.4　PUMA560 的逆运动学

图 2-43(a)给出了所有关节角为零位时,连杆坐标系的分布情况。与大多数工业机器人一样,PUMA560 关节 4、5 和 6 的轴线相交于同一点,且交点与坐标系{4}、{5}和{6}的坐标原点重合[图 2-43(b)]。机器人的连杆参数如表 2-2 所示。

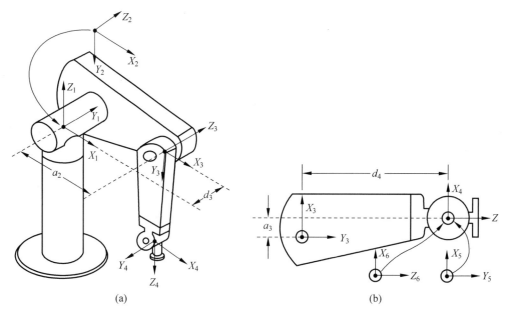

(a) (b)

图 2-43　PUMA560 的结构参数与坐标系配置

表 2-2 PUMA560 连杆参数

i	α_{i-1}	α_i	d_i	θ_i
1	0	0	0	θ_1
2	$-90°$	0	0	θ_2
3	0	a_2	d_3	θ_3
4	$-90°$	a_3	d_4	θ_4
5	$90°$	0	0	θ_5
6	$-90°$	0	0	θ_6

将相应的参数代入式(2.30),得各连杆的变换矩阵如下:

$$
{}^0_1T=\begin{bmatrix} \cos\theta_1 & -\sin\theta_1 & 0 & 0 \\ \sin\theta_1 & \cos\theta_1 & 0 & 0 \\ 0 & 0 & 1 & 0 \\ 0 & 0 & 0 & 1 \end{bmatrix}, \quad
{}^1_2T=\begin{bmatrix} \cos\theta_2 & -\sin\theta_2 & 0 & 0 \\ 0 & 0 & 1 & 0 \\ -\sin\theta_2 & -\cos\theta_2 & 0 & 0 \\ 0 & 0 & 0 & 1 \end{bmatrix}
$$

$$
{}^2_3T=\begin{bmatrix} \cos\theta_3 & -\sin\theta_3 & 0 & a_2 \\ \sin\theta_3 & \cos\theta_3 & 0 & 0 \\ 0 & 0 & 1 & d_3 \\ 0 & 0 & 0 & 1 \end{bmatrix}, \quad
{}^3_4T=\begin{bmatrix} \cos\theta_4 & -\sin\theta_4 & 0 & a_3 \\ 0 & 0 & 1 & d_4 \\ -\sin\theta_4 & -\cos\theta_4 & 0 & 0 \\ 0 & 0 & 0 & 1 \end{bmatrix}
$$

$$
{}^4_5T=\begin{bmatrix} \cos\theta_5 & -\sin\theta_5 & 0 & 0 \\ 0 & 0 & -1 & 0 \\ \sin\theta_5 & \cos\theta_5 & 0 & 0 \\ 0 & 0 & 0 & 1 \end{bmatrix}, \quad
{}^5_6T=\begin{bmatrix} \cos\theta_6 & -\sin\theta_6 & 0 & 0 \\ 0 & 0 & 1 & 0 \\ -\sin\theta_6 & -\cos\theta_6 & 0 & 0 \\ 0 & 0 & 0 & 1 \end{bmatrix}
$$

将以上变换矩阵连乘即可得到 ${}^0_6T$,计算中间结果可得

$$
{}^4_6T={}^4_5T{}^5_6T=\begin{bmatrix} \cos\theta_5\cos\theta_6 & -\cos\theta_5\sin\theta_6 & -\sin\theta_5 & 0 \\ 0 & 0 & 1 & 0 \\ \sin\theta_5\cos\theta_6 & \sin\theta_5\sin\theta_6 & \cos\theta_5 & 0 \\ 0 & 0 & 0 & 1 \end{bmatrix}
$$

$$
{}^3_6T={}^3_4T{}^4_6T
$$

$$
=\begin{bmatrix} \cos\theta_4\cos\theta_5\cos\theta_6-\sin\theta_4\sin\theta_6 & -\cos\theta_4\cos\theta_5\sin\theta_6-\sin\theta_4\cos\theta_6 & -\cos\theta_4\sin\theta_5 & a_3 \\ \sin\theta_5\cos\theta_6 & -\sin\theta_5\sin\theta_6 & \cos\theta_5 & d_4 \\ -\sin\theta_4\cos\theta_5\cos\theta_6-\cos\theta_4\sin\theta_6 & \sin\theta_4\cos\theta_5\sin\theta_6-\cos\theta_4\cos\theta_6 & \sin\theta_4\sin\theta_5 & 0 \\ 0 & 0 & 0 & 1 \end{bmatrix}
$$

$$
{}^1_3T={}^1_2T{}^2_3T=\begin{bmatrix} \cos\theta_{23} & -\sin\theta_{23} & 0 & a_2\cos\theta_2 \\ 0 & 0 & 1 & d_3 \\ -\sin\theta_{23} & -\cos\theta_{23} & 0 & -a_2\sin\theta_2 \\ 0 & 0 & 0 & 1 \end{bmatrix}
$$

$$
{}^1_6T={}^1_3T{}^3_6T=\begin{bmatrix} {}^1r_{11} & {}^1r_{12} & {}^1r_{13} & {}^1p_x \\ {}^1r_{21} & {}^1r_{22} & {}^1r_{23} & {}^1p_y \\ {}^1r_{31} & {}^1r_{32} & {}^1r_{33} & {}^1p_z \\ 0 & 0 & 0 & 1 \end{bmatrix}
$$

$$\begin{cases} {}^1r_{11}=\cos\theta_{23}(\cos\theta_4\cos\theta_5\cos\theta_6-\sin\theta_4\sin\theta_6)-\sin\theta_{23}\sin\theta_5\cos\theta_6 \\ {}^1r_{21}=-\sin\theta_4\cos\theta_5\cos\theta_6-\cos\theta_4\sin\theta_6 \\ {}^1r_{31}=-\sin\theta_{23}(\cos\theta_4\cos\theta_5\cos\theta_6-\sin\theta_4\sin\theta_6)-\cos\theta_{23}\sin\theta_5\cos\theta_6 \\ {}^1r_{12}=-\cos\theta_{23}(\cos\theta_4\cos\theta_5\sin\theta_6+\sin\theta_4\cos\theta_6)+\sin\theta_{23}\sin\theta_5\sin\theta_6 \\ {}^1r_{22}=\sin\theta_4\cos\theta_5\sin\theta_6-\cos\theta_4\cos\theta_6 \\ {}^1r_{32}=\sin\theta_{23}(\cos\theta_4\cos\theta_5\sin\theta_6+\sin\theta_4\cos\theta_6)+\cos\theta_{23}\sin\theta_5\sin\theta_6 \\ {}^1r_{13}=-\cos\theta_{23}\cos\theta_4\sin\theta_5-\sin\theta_{23}\cos\theta_5 \\ {}^1r_{23}=\sin\theta_4\sin\theta_5 \\ {}^1r_{33}=\sin\theta_{23}\cos\theta_4\sin\theta_5-\cos\theta_{23}\cos\theta_5 \\ {}^1p_x=a_2\cos\theta_2+a_3\cos\theta_{23}-d_4\sin\theta_{23} \\ {}^1p_y=d_3 \\ {}^1p_z=-a_3\sin\theta_{23}-a_2\sin\theta_2-d_4\cos\theta_{23} \end{cases}$$

本节研究了 PUMA560 的逆运动学封闭解，一般的 6 自由度工业机器人逆运动学问题可以参考该方法进行求解。已知变换矩阵 ${}_6^0\boldsymbol{T}$，计算各关节变量 $\theta_1,\theta_2,\cdots,\theta_6$。各连杆坐标系变换关系如下：

$${}_6^0\boldsymbol{T}={}_1^0\boldsymbol{T}(\theta_1){}_2^1\boldsymbol{T}(\theta_2){}_3^2\boldsymbol{T}(\theta_3){}_4^3\boldsymbol{T}(\theta_4){}_5^4\boldsymbol{T}(\theta_5){}_6^5\boldsymbol{T}(\theta_6)$$

$$[{}_1^0\boldsymbol{T}(\theta_1)]^{-1}{}_6^0\boldsymbol{T}={}_6^1\boldsymbol{T}$$

$${}_6^0\boldsymbol{T}={}_1^0\boldsymbol{T}{}_6^1\boldsymbol{T}=\begin{bmatrix} r_{11} & r_{12} & r_{13} & p_x \\ r_{21} & r_{22} & r_{23} & p_y \\ r_{31} & r_{32} & r_{33} & p_z \\ 0 & 0 & 0 & 1 \end{bmatrix}$$

式中对应元素如下：

$$\begin{cases} r_{11}=\cos\theta_1[\cos\theta_{23}(\cos\theta_4\cos\theta_5\cos\theta_6-\sin\theta_4\sin\theta_6)-\sin\theta_{23}\sin\theta_5\cos\theta_6]+ \\ \qquad \sin\theta_1(\sin\theta_4\cos\theta_5\cos\theta_6+\cos\theta_4\sin\theta_6) \\ r_{21}=\sin\theta_1[\cos\theta_{23}(\cos\theta_4\cos\theta_5\cos\theta_6-\sin\theta_4\sin\theta_6)-\sin\theta_{23}\sin\theta_5\cos\theta_6]- \\ \qquad \cos\theta_1(\sin\theta_4\cos\theta_5\cos\theta_6+\cos\theta_4\sin\theta_6) \\ r_{31}=-\sin\theta_{23}(\cos\theta_4\cos\theta_5\cos\theta_6-\sin\theta_4\sin\theta_6)-\cos\theta_{23}\sin\theta_5\cos\theta_6 \\ r_{12}=\cos\theta_1[-\cos\theta_{23}(\cos\theta_4\cos\theta_5\sin\theta_6+\sin\theta_4\cos\theta_6)+\sin\theta_{23}\sin\theta_5\sin\theta_6]+ \\ \qquad \sin\theta_1(\cos\theta_4\cos\theta_6-\sin\theta_4\cos\theta_5\sin\theta_6) \\ r_{22}=\sin\theta_1[-\cos\theta_{23}(\cos\theta_4\cos\theta_5\sin\theta_6+\sin\theta_4\cos\theta_6)+\sin\theta_{23}\sin\theta_5\sin\theta_6]- \\ \qquad \cos\theta_1(\cos\theta_4\cos\theta_6-\sin\theta_4\cos\theta_5\sin\theta_6) \\ r_{32}=\sin\theta_{23}(\cos\theta_4\cos\theta_5\sin\theta_6+\sin\theta_4\cos\theta_6)+\cos\theta_{23}\sin\theta_5\sin\theta_6 \\ r_{13}=-\cos\theta_1(\cos\theta_{23}\cos\theta_4\sin\theta_5+\sin\theta_{23}\cos\theta_5)-\sin\theta_1\sin\theta_4\sin\theta_5 \\ r_{23}=-\sin\theta_1(\cos\theta_{23}\cos\theta_4\sin\theta_5+\sin\theta_{23}\cos\theta_5)+\cos\theta_1\sin\theta_4\sin\theta_5 \\ r_{33}=\sin\theta_{23}\cos\theta_4\sin\theta_5-\cos\theta_{23}\cos\theta_5 \\ p_x=\cos\theta_1(a_2\cos\theta_2+a_3\cos\theta_{23}-d_4\sin\theta_{23})-d_3\sin\theta_1 \\ p_y=\sin\theta_1(a_2\cos\theta_2+a_3\cos\theta_{23}-d_4\sin\theta_{23})+d_3\cos\theta_1 \\ p_z=-a_3\sin\theta_{23}-a_2\sin\theta_2-d_4\cos\theta_{23} \end{cases}$$

与欧拉角求解类似,由 PUMA560 运动学公式得

$$\begin{bmatrix} \cos\theta_1 & \sin\theta_1 & 0 & 0 \\ -\sin\theta_1 & \cos\theta_1 & 0 & 0 \\ 0 & 0 & 1 & 0 \\ 0 & 0 & 0 & 1 \end{bmatrix} \begin{bmatrix} r_{11} & r_{12} & r_{13} & p_x \\ r_{21} & r_{22} & r_{23} & p_y \\ r_{31} & r_{32} & r_{33} & p_z \\ 0 & 0 & 0 & 1 \end{bmatrix} = \begin{bmatrix} {}^1r_{11} & {}^1r_{12} & {}^1r_{13} & {}^1p_x \\ {}^1r_{21} & {}^1r_{22} & {}^1r_{23} & {}^1p_y \\ {}^1r_{31} & {}^1r_{32} & {}^1r_{33} & {}^1p_z \\ 0 & 0 & 0 & 1 \end{bmatrix} \tag{2.89}$$

整理得

$$\begin{cases} {}^1p_x = a_2\cos\theta_2 + a_3\cos\theta_{23} - d_4\sin\theta_{23} \\ {}^1p_y = d_3 \\ {}^1p_z = -a_3\sin\theta_{23} - a_2\sin\theta_2 - d_4\cos\theta_{23} \end{cases} \tag{2.90}$$

令式(2.89)两边元素(2,4)相等,得到

$$-p_x\sin\theta_1 + p_y\cos\theta_1 = d_3 \tag{2.91}$$

为了求解式(2.91),做三角恒等变换,有

$$\begin{cases} p_x = \rho\cos\phi \\ p_y = \rho\sin\phi \end{cases} \tag{2.92}$$

其中,

$$\begin{cases} \rho = \sqrt{p_x^2 + p_y^2} \\ \varphi = \arctan2(p_y, p_x) \end{cases}$$

将式(2.92)代入式(2.91),得

$$-\cos\varphi\sin\theta_1 + \sin\varphi\cos\theta_1 = \frac{d_3}{\rho} \Rightarrow \sin(\varphi - \theta_1) = \frac{d_3}{\rho}$$

则

$$\cos(\varphi - \theta_1) = \pm\sqrt{1 - \frac{d_3^2}{\rho^2}}$$

因此,

$$\varphi - \theta_1 = \arctan2\left(\frac{d_3}{\rho}, \pm\sqrt{1 - \frac{d_3^2}{\rho^2}}\right)$$

最后,θ_1 的解可以写为

$$\theta_1 = \arctan2(p_x, p_y) - \arctan2\left(d_3, \pm\sqrt{p_x^2 + p_y^2 - d_3^2}\right) \tag{2.93}$$

式(2.93)的正负号表明 θ_1 有两种解。现在 θ_1 已知,因此式(2.89)的左边均为已知。

令式(2.89)两边的元素(1,4)和(3,4)对应相等,得

$$\begin{cases} p_{x\cos\theta_1} + p_{y\sin\theta_1} = a_2\cos\theta_2 + a_3\cos\theta_{23} - d_4\sin\theta_{23} \\ p_x = -a_3\sin\theta_{23} - a_2\sin\theta_2 - d_4\cos\theta_{23} \end{cases} \tag{2.94}$$

将式(2.91)和式(2.94)平方后相加,经复杂的运算得

$$a_3\cos\theta_3 - d_4\sin\theta_3 = k \tag{2.95}$$

其中,

$$k = (p_x^2 + p_y^2 + p_z^2 - a_2^2 - a_3^2 - d_3^2 - d_4^2)/(2a_2)$$

采用与解式(2.91)相同的方法,可以得到 θ_3 的两种解:

$$\theta_3 = \arctan2(a_3, d_4) - \arctan2(k, \pm\sqrt{a_3^2 + d_4^2 - k^2}) \tag{2.96}$$

现在 θ_1 和 θ_3 均已知,根据运动学关系可以得到下面的等式:

$$[\,{}_3^0T(\theta_2)]^{-1}[\,{}_6^0T] = {}_6^3T$$

即

$$\begin{bmatrix} \cos\theta_1\cos\theta_{23} & \sin\theta_1\cos\theta_{23} & -\sin\theta_{23} & -a_2\cos\theta_3 \\ -\cos\theta_1\sin\theta_{23} & -\sin\theta_1\sin\theta_{23} & -\cos\theta_{23} & a_2\sin\theta_3 \\ -\sin\theta_1 & \cos\theta_1 & 0 & -d_3 \\ 0 & 0 & 0 & 1 \end{bmatrix} \begin{bmatrix} r_{11} & r_{12} & r_{13} & p_x \\ r_{21} & r_{22} & r_{23} & p_y \\ r_{31} & r_{32} & r_{33} & p_z \\ 0 & 0 & 0 & 1 \end{bmatrix} =$$

$$\begin{bmatrix} \cos\theta_4\cos\theta_5\cos\theta_6 - \sin\theta_4\sin\theta_6 & -\cos\theta_4\cos\theta_5\sin\theta_6 - \sin\theta_4\cos\theta_6 & -\cos\theta_4\sin\theta_5 & a_3 \\ \sin\theta_5\cos\theta_6 & -\sin\theta_5\sin\theta_6 & \cos\theta_5 & d_4 \\ -\sin\theta_4\cos\theta_5\cos\theta_6 - \cos\theta_4\sin\theta_6 & \sin\theta_4\cos\theta_5\sin\theta_6 - \cos\theta_4\cos\theta_6 & \sin\theta_4\sin\theta_5 & 0 \\ 0 & 0 & 0 & 1 \end{bmatrix}$$
$$\tag{2.97}$$

令式(2.97)两端的元素(1,4)和(2,4)相等,得到两个方程:

$$\begin{cases} \cos\theta_1\cos\theta_{23}p_x + \sin\theta_1\cos\theta_{23}p_y - \sin\theta_{23}p_z - a_2\cos\theta_3 = a_3 \\ -\cos\theta_1\sin\theta_{23}p_x - \sin\theta_1\sin\theta_{23}p_y - \cos\theta_{23}p_z - a_2\sin\theta_3 = d_4 \end{cases} \tag{2.98}$$

联立上述两个方程可以解出 $\sin\theta_{23}$ 和 $\cos\theta_{23}$:

$$\begin{cases} \sin\theta_{23} = \dfrac{(-a_3 - a_2\cos\theta_3)p_z + (\cos\theta_1 p_x + \sin\theta_1 p_y)(a_2\sin\theta_3 - d_4)}{p_z^2 + (\cos\theta_1 p_x + \sin\theta_1 p_y)^2} \\[3mm] \cos\theta_{23} = \dfrac{(a_2\sin\theta_3 - d_4)p_z - (a_3 + a_2\cos\theta_3)(\cos\theta_1 p_x + \sin\theta_1 p_y)}{p_z^2 + (\cos\theta_1 p_x + \sin\theta_1 p_y)^2} \end{cases} \tag{2.99}$$

两式中分母相等,且为正值,因此可以得 θ_{23} 的值:

$$\theta_{23} = \arctan2\{(-a_3 - a_2\cos\theta_3)p_z + (\cos\theta_1 p_x + \sin\theta_1 p_y)(a_2\sin\theta_3 - d_4)$$
$$(a_2\sin\theta_3 - d_4)p_z - (a_3 + a_2\cos\theta_3)(\cos\theta_1 p_x + \sin\theta_1 p_y)\}$$

因 $\theta_{23} = \theta_2 + \theta_3$,故可得 θ_2 的值:

$$\theta_2 = \theta_{23} - \theta_3 \tag{2.100}$$

现在式(2.97)的左边均为已知。令式(2.97)两边的元素(1,3)和(3,3)对应相等,得

$$\begin{cases} r_{13}\cos\theta_1\cos\theta_{23} + r_{23}\sin\theta_1\cos\theta_{23} - r_{33}\sin\theta_{23} = -\cos\theta_4\sin\theta_5 \\ -r_{13}\sin\theta_1 + r_{23}\cos\theta_1 = \sin\theta_4\sin\theta_5 \end{cases} \tag{2.101}$$

若 $\sin\theta_5 \neq 0$,可以解出

$$\theta_4 = \arctan2(-r_{13}\sin\theta_1 + r_{23}\cos\theta_1, -r_{13}\cos\theta_1\cos\theta_{23} - r_{23}\sin\theta_1\cos\theta_{23} + r_{33}\sin\theta_{23})$$
$$\tag{2.102}$$

当 $\theta_5 = 0$ 时,和欧拉角方程求解一样,属于奇异状态,可以任意指定 θ_4 的值。

根据运动学关系式

$$[\,{}_4^0T]^{-1}[\,{}_6^0T] = {}_6^4T \tag{2.103}$$

令式(2.103)两边的元素(1,2)和元素(3,3)相等,得

$$\begin{cases} r_{13}(\cos\theta_1\cos\theta_{23}\cos\theta_4 + \sin\theta_1\sin\theta_4) + r_{23}(\sin\theta_1\cos\theta_{23}\cos\theta_4 - \cos\theta_1\sin\theta_4) - \\ \qquad r_{33}\sin\theta_{23}\cos\theta_4 = -\sin\theta_5 \\ -r_{13}\cos\theta_1\sin\theta_{23} - r_{23}\sin\theta_1\sin\theta_{23} - r_{33}\cos\theta_{23} = \cos\theta_5 \end{cases}$$

可以确定 θ_5 的值：

$$\theta_5 = \mathrm{arctan2}(\sin\theta_5, \cos\theta_5) \tag{2.104}$$

现在 $\theta_1 - \theta_5$ 为已知，根据运动学关系可以得到下面的等式：

$$[{}^0_5\boldsymbol{T}]^{-1}\,{}^0_6\boldsymbol{T} = {}^5_6\boldsymbol{T}(\theta_6) \tag{2.105}$$

令式(2.105)两边元素(1,1)和(3,1)相等，可以得到 θ_6 的解：

$$\theta_6 = \mathrm{arctan2}(\sin\theta_6, \cos\theta_6) \tag{2.106}$$

式中，

$$\begin{aligned}
\sin\theta_6 = & -r_{11}(\cos\theta_1\cos\theta_{23}\sin\theta_4 - \sin\theta_1\cos\theta_4) - r_{21}(\sin\theta_1\cos\theta_{23}\sin\theta_4 + \cos\theta_1\cos\theta_4) + \\
& r_{31}\sin\theta_{23}\sin\theta_4 \\
\cos\theta_6 = & r_{11}[(\cos\theta_1\cos\theta_{23}\cos\theta_4 + \sin\theta_1\sin\theta_4)\cos\theta_5 - \cos\theta_1\sin\theta_{23}\sin\theta_5] + \\
& r_{21}[(\sin\theta_1\cos\theta_{23}\cos\theta_4 - \cos\theta_1\sin\theta_4)\cos\theta_5 - \sin\theta_1\sin\theta_{23}\sin\theta_5] + \\
& r_{31}(\sin\theta_{23}\cos\theta_4\cos\theta_5 + \cos\theta_{23}\sin\theta_5)
\end{aligned} \tag{2.107}$$

式(2.93)和式(2.96)的 θ_1 和 θ_3 各有两个解，由机械臂腕关节"翻转"可以得到 $\theta_4 - \theta_6$ 的另一组解：

$$\begin{cases}
\theta'_4 = \theta_4 + 180° \\
\theta'_5 = -\theta_5 \\
\theta'_6 = \theta_6 + 180°
\end{cases} \tag{2.108}$$

因此，PUMA560 的逆运动学问题共有 8 组解。由于实际系统关节运动范围的限制，其中一些解需要舍去，在余下的有效解中，通常选取与当前机械臂关节角位置最近的解。

第3章

机器人动力学

对于动力学,有两个相反的问题:其一是已知机械手各关节的作用力或力矩,求各关节的位移、速度和加速度,求得运动轨迹;其二是已知机械手的运动轨迹,即各关节的位移、速度和加速度,求各关节所需要的驱动力或力矩。

工业机器人动力学分析的两类问题是:

(1) 给出已知的轨迹点的关节位置、速度和加速度,求相应的关节力矩向量τ,用以实现对机器人的动态控制。

(2) 已知关节驱动力矩,求机器人系统的相应各瞬时的运动,用于模拟机器人运动。

分析机器人动力学的方法很多,如拉格朗日方法、牛顿-欧拉方法、高斯方法、凯恩方法等。其中,拉格朗日方法不仅能使求解复杂的系统动力学方程简单,而且容易理解。

3.1 刚体的转动惯量

3.1.1 刚体定轴转动与惯性矩

在物理学中,刚体定轴转动微分方程:

$$\boldsymbol{I}\dot{\omega} = \boldsymbol{\tau} \tag{3.1}$$

式中,$\boldsymbol{I}$为绕固定轴的惯性矩(也称为转动惯量);$\boldsymbol{\tau}$是作用在固定轴上的合外力矩。对于一个质量为m的质点,其在直线上运动的动力学问题可以用牛顿第二定律描述:

$$m\dot{v} = f \quad \text{或} \quad m\ddot{x} = f \tag{3.2}$$

比较式(3.1)和式(3.2)可以发现,刚体定轴转动和质点直线运动的动力学方程的形式是完全相同的。因此,$\boldsymbol{I}$可以看作刚体定轴转动的惯性质量。

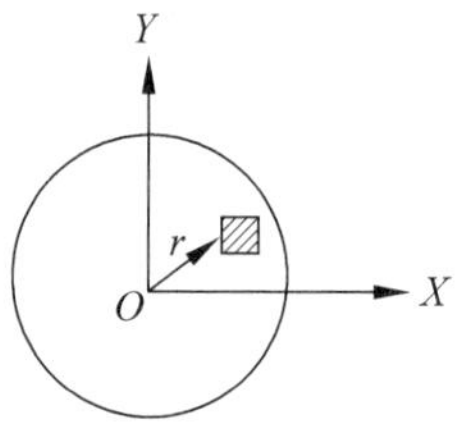

下面以图3-1所示质量为M,半径为r的均匀圆盘绕过圆心的Z轴的惯性矩计算问题,给出惯性矩的定义:

$$\boldsymbol{I} = \int_V r^2 \mathrm{d}m \tag{3.3}$$

图 3-1　圆盘绕过圆心轴惯性矩

式(3.3)给出了任意刚体绕固定轴惯性矩的定义,其中 dm 是微元体质量,r 是微元体到转轴的距离,V 是刚体的体积,因此式(3.3)表示在整个体积上积分。

对于图 3-1 所示均匀圆盘,面密度 $\rho = M/(\pi R^2)$,取极坐标微元体,则

$$I = \int_V r^2 \, dm = \int_0^R \int_0^{2\pi} r^2 \rho r \, dr \, d\theta = 2\pi\rho \frac{R^4}{4} = 2\pi \frac{M}{\pi R^2} \frac{R^4}{4} = \frac{1}{2} MR^2 \tag{3.4}$$

例 3-1 如图 3-2 所示匀质杆,质量为 M,杆长为 L,计算绕质心的惯性矩。

图 3-2 匀质杆绕质心惯性矩

解:匀质杆的线密度 $\rho = M/L$,取微元体 dx,则

$$I = \int_{-L/2}^{L/2} x^2 \, dm = 2\int_0^{L/2} x^2 \rho \, dx = 2\rho \frac{(L/2)^3}{3}$$

$$= 2\frac{M}{L} \frac{L^3}{3 \cdot 8} = \frac{1}{12} ML^2$$

平行移轴定理:刚体绕任意平行于质心轴的惯性矩为

$$I = {}^c I + Md^2 \tag{3.5}$$

式中,${}^c I$ 表示刚体绕质心轴的惯性矩;M 为刚体质量;d 为两轴之间的距离。若已知刚体绕质心轴的惯性矩,则刚体绕任意平行轴的惯性矩可以非常方便地利用平行移轴定理[式(3.5)]进行计算。

例如,计算图 3-2 所示匀质杆绕杆端点的惯性矩,根据平行移轴定理

$$I = {}^c I + Md^2 = \frac{1}{12} ML^2 + M\left(\frac{L}{2}\right)^2 = \frac{1}{3} ML^2 \tag{3.6}$$

可以验证,式(3.6)计算结果与采用积分方法相同。

3.1.2 刚体的惯性张量

对于在三维空间自由运动的刚体,存在无穷多个可能转轴,计算绕所有转轴的惯性矩显然是不现实的。因此需要考虑这样的问题:是否存在一个量,它能够表示刚体绕任意转轴的惯性矩?答案是肯定的,该量就是刚体的惯性张量。惯性张量描述了刚体的三维质量分布,若在某坐标系下表示出来,它就是一个 3 阶对称矩阵。图 3-3 所示的一个刚体,其上定义了固连的坐标系 $\{A\}$。

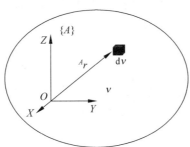

图 3-3 空间刚体的惯性张量

在坐标系$\{A\}$中惯性张量为

$$^{A}\boldsymbol{I} = \begin{bmatrix} \boldsymbol{I}_{xx} & -\boldsymbol{I}_{xy} & -\boldsymbol{I}_{xz} \\ -\boldsymbol{I}_{xy} & \boldsymbol{I}_{yy} & -\boldsymbol{I}_{yz} \\ -\boldsymbol{I}_{xz} & -\boldsymbol{I}_{yz} & \boldsymbol{I}_{zz} \end{bmatrix} \tag{3.7}$$

惯性张量是一个对称矩阵,各元素的值为

$$\begin{cases} \boldsymbol{I}_{xx} = \displaystyle\int_{V}(y^2 + z^2)\rho\mathrm{d}v \quad \boldsymbol{I}_{xy} = \displaystyle\int_{V}xy\rho\mathrm{d}v \\[2mm] \boldsymbol{I}_{yy} = \displaystyle\int_{V}(x^2 + z^2)\rho\mathrm{d}v \quad \boldsymbol{I}_{xz} = \displaystyle\int_{V}xz\rho\mathrm{d}v \\[2mm] \boldsymbol{I}_{zz} = \displaystyle\int_{V}(x^2 + y^2)\rho\mathrm{d}v \quad \boldsymbol{I}_{yz} = \displaystyle\int_{V}yz\rho\mathrm{d}v \end{cases} \tag{3.8}$$

　　惯性张量中$\boldsymbol{I}_{xx}$、$\boldsymbol{I}_{yy}$和$\boldsymbol{I}_{zz}$称为惯性矩,交叉项$\boldsymbol{I}_{xy}$、$\boldsymbol{I}_{xz}$和$\boldsymbol{I}_{yz}$称为惯性积。显然,惯性张量中元素的数值与坐标系的选择有关。一般存在某个坐标系,使得交叉项全为0,该坐标系称为惯性主轴坐标系,坐标轴称为惯性主轴。对于质量均匀分布的规则物体,惯性主轴就是物体的对称轴。

　　例 3-2　如图 3-4 所示质量均匀分布的长方形刚体,密度为ρ,质量为M,计算其惯性张量。

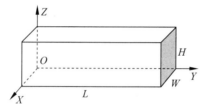

图 3-4　质量均匀分布的长方形刚体

　　解:单元体$\mathrm{d}v = \mathrm{d}x\mathrm{d}y\mathrm{d}z$,根据式(3.8)得

$$\boldsymbol{I}_{xx} = \int_{V}(y^2 + z^2)\rho\mathrm{d}v = \rho\int_{0}^{H}\int_{0}^{L}\int_{0}^{W}(y^2 + z^2)\mathrm{d}x\mathrm{d}y\mathrm{d}z$$

$$= \rho W\int_{0}^{H}\int_{0}^{L}(y^2 + z^2)\mathrm{d}y\mathrm{d}z = \rho W\int_{0}^{H}(L^3/3 + Lz^2)\mathrm{d}z$$

$$= \rho W\left(\frac{HL^3}{3} + \frac{LH^3}{3}\right) = \frac{M}{3}(L^2 + H^2)$$

同理,可以得到另外两个惯性矩:

$$\boldsymbol{I}_{yy} = \frac{M}{3}(W^2 + H^2), \quad \boldsymbol{I}_{zz} = \frac{M}{3}(W^2 + L^2)$$

　　下面计算惯性积:

$$\boldsymbol{I}_{xy} = \int_{V}xy\rho\mathrm{d}v = \rho\int_{0}^{H}\int_{0}^{L}\int_{0}^{W}xy\mathrm{d}x\mathrm{d}y\mathrm{d}z = \rho\int_{0}^{H}\int_{0}^{L}yW^2/2\mathrm{d}y\mathrm{d}z$$

$$= \frac{\rho W^2 L^2}{4}\int_{0}^{H}\mathrm{d}z = \frac{\rho W^2 L^2 H}{4} = \frac{M}{4}WL$$

同理,可以得到另外两个惯性积:

$$I_{xz} = \frac{M}{4} WH, \quad I_{yz} = \frac{M}{4} HL$$

至此,我们已经计算出了式(3.7)中所有 6 个分量的值。对于惯性张量的计算问题,平行移轴定理也是成立的,下面给出其中两个表达式,其余的 3 个表达式与此类似:

$$^A I_{zz} = {}^C I_{zz} + M(x_c^2 + y_c^2)$$
$$^A I_{xy} = {}^C I_{xy} + M(x_c y_c)$$

3.2 刚体动力学

3.2.1 刚体的动能与位能

1. 刚体的动力学方程

拉格朗日函数 L 定义为系统的动能 K 和位能 P 之差,即

$$L = K - P \tag{3.9}$$

其中,K 和 P 可以用任何方便的坐标系来表示。

系统动力学方程式,即拉格朗日方程如下:

$$F_i = \frac{\mathrm{d}}{\mathrm{d}t} \frac{\partial L}{\partial \dot{q}_i} - \frac{\partial L}{\partial q_i}, \quad i = 1, 2, \cdots, n \tag{3.10}$$

式中,q_i 为表示动能和位能的坐标;$\dot{q}_i$ 为相应的速度;F_i 为作用在第 i 个坐标上的力或是力矩,是由 q_i 为直线坐标或角坐标决定的。这些力、力矩和坐标称为广义力、广义力矩和广义坐标,n 为连杆数目。

2. 刚体的动能与位能

根据力学原理,对图 3-5 所示的一般物体平动所具有的动能和位能进行计算如下:

$$K = \frac{1}{2} M_1 \dot{x}_1^2 + \frac{1}{2} M_0 \dot{x}_0^2$$

$$P = \frac{1}{2} k (x_1 - x_0)^2 - M_1 g x_1 - M_0 g x_0$$

$$D = \frac{1}{2} (\dot{x}_1 - \dot{x}_0)^2$$

$$W = F x_1 - F x_0$$

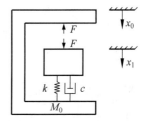

图 3-5 一般物体的动能与位能

式中,K、P、D 和 W 分别表示物体所具有的动能、位能、所消耗的能量和外力所做的功;M_0 和 M_1 为支架和运动物体的质量;x_0 和 x_1 为运动坐标;g 为重力加速度;k 为弹簧胡克系数;c 为摩擦系数;F 为外施作用力。对于这一问题,存在两种情况:

(1) $x = 0$,x_1 为广义坐标:

$$\frac{\mathrm{d}}{\mathrm{d}t} \left(\frac{\partial K}{\partial \dot{x}_1} \right) - \frac{\partial K}{\partial x_1} + \frac{\partial D}{\partial \dot{x}_1} + \frac{\partial P}{\partial x_1} = \frac{\partial W}{\partial x_1}$$

其中,左式第一项为动能随速度(或角速度)和时间的变化;第二项为动能随位置(或角度)的变化;第三项为能耗随速度变化;第四项为位能随位置的变化。右式为实际外加力或力

矩。表示为一般形式：

$$M_1 \ddot{x}_1 + c_1 \dot{x}_1 + \mathrm{d}x_1 = F + M_1 g$$

（2）$x_0 = 0$，x_0 和 x_1 均为广义坐标，有下式：

$$M_1 \ddot{x}_1 + c(\dot{x}_1 - \dot{x}_0) + k(x_1 - x_0) - M_1 g = F$$

$$M_0 \ddot{x}_0 + c(\dot{x}_1 - \dot{x}_0) - k(x_1 - x_0) - M_0 g = -F$$

或用矩阵形式表示为

$$\begin{bmatrix} M_1 & 0 \\ 0 & M_0 \end{bmatrix} \begin{bmatrix} \ddot{x}_1 \\ \ddot{x}_0 \end{bmatrix} + \begin{bmatrix} c & -c \\ -c & c \end{bmatrix} \begin{bmatrix} \dot{x}_1 \\ \dot{x}_0 \end{bmatrix} + \begin{bmatrix} k & -k \\ -k & k \end{bmatrix} \begin{bmatrix} x_1 \\ x_0 \end{bmatrix} = \begin{bmatrix} F \\ -F \end{bmatrix}$$

3.2.2　拉格朗日方程

1. 单摆拉格朗日方程

单摆由一根无质量杆末端连接一集中质量 m，杆长为 l，其上作用力矩 τ，试建立系统的动力学方程，如图 3-6 所示。

选择 θ 为描述单摆位置的广义坐标，先用广义坐标表示集中质量的位置，然后再对时间求导得到速度：

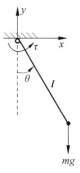

$$x = l\sin\theta, \quad y = -l\cos\theta$$

$$\dot{x} = l\dot{\theta}\cos\theta, \quad \dot{y} = l\dot{\theta}\sin\theta$$

系统的动能为

$$K = \frac{1}{2}mv^2 = \frac{m}{2}(\dot{x}^2 + \dot{y}^2) = \frac{m}{2}(l^2\dot{\theta}^2\cos^2\theta + l^2\dot{\theta}^2\sin^2\theta) = \frac{1}{2}ml^2\dot{\theta}^2$$

取坐标原点为势能零点，则系统的势能为

图 3-6　单摆

$$P = mgy = -mgl\cos\theta$$

系统的拉格朗日函数为

$$l = K - P = \frac{1}{2}ml^2\dot{\theta}^2 + mgl\cos\theta$$

根据上式计算相应的导数：

$$\frac{\mathrm{d}}{\mathrm{d}t}\left(\frac{\partial l}{\partial \dot{\theta}}\right) = \frac{\mathrm{d}}{\mathrm{d}t}(ml^2\dot{\theta}) = ml^2\ddot{\theta}$$

$$\frac{\partial l}{\partial \theta} = -mgl\sin\theta$$

代入到拉格朗日方程得系统的动力学方程：

$$\tau = ml^2\ddot{\theta} + mgl\sin\theta$$

2. 二连杆机械手的拉格朗日方程

下面先来考虑二连杆机械手（图 3-7）的动能和位能。这种运动机构具有开式运动链，与复摆运动有许多相似之处。图中，m_1 和 m_2 为连杆 1 和连杆 2 的质量，且以连杆末端的点质量表示；d_1 和 d_2 分别为两连杆的长度；θ_1 和 θ_2 为广义坐标；g 为重力加速度。先计算连杆 1 的动能和位能，再计算连杆 2 的动能和位能。

$$K_1 = \frac{1}{2}m_1 v_1^2, \quad v_1 = d_1\dot{\theta}_1$$

$$P_1 = m_1 g h_1, \quad h_1 = -d_1\cos\theta_1$$

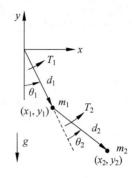

图 3-7　二连杆机械手

先计算连杆 1 的动能 K_1 和位能 P_1：

$$K_1 = \frac{1}{2}m_1 d_1^2\dot{\theta}_1^2, \quad P_1 = -m_1 g d_1\cos\theta_1$$

再计算连杆 2 的动能 K_2 和位能 P_2：

$$K_2 = \frac{1}{2}m_2 v_2^2, \quad P_2 = mgy_2$$

式中，

$$v_2^2 = \dot{x}_2^2 + \dot{y}_2^2$$

$$x_2 = d_1\sin\theta_1 + d_2\sin(\theta_1 + \theta_2)$$

$$y_2 = -d_1\cos\theta_1 - d_2\cos(\theta_1 + \theta_2)$$

则得

$$K_2 = \frac{1}{2}m_2 d_1^2\dot{\theta}_1^2 + \frac{1}{2}m_2 d_2^2(\dot{\theta}_1 + \dot{\theta}_2) + m_2 d_1 d_2\cos\theta_2(\dot{\theta}_1^2 + \dot{\theta}_1\dot{\theta}_2)$$

$$P_2 = -m_2 g d_1\cos\theta_1 - m_2 g d_2\cos(\theta_1 + \theta_2)$$

二连杆机械手系统的总动能和总位能分别为

$$\begin{aligned}K &= K_1 + K_2 \\ &= \frac{1}{2}(m_1 + m_2)d_1^2\dot{\theta}_1^2 + \frac{1}{2}m_2 d_2^2(\dot{\theta}_1 + \dot{\theta}_2)^2 + m_2 d_1 d_2\cos\theta_2(\dot{\theta}_1^2 + \dot{\theta}_1\dot{\theta}_2)\end{aligned}$$

$$\begin{aligned}P &= P_1 + P_2 \\ &= -(m_1 + m_2)g d_1\cos\theta_1 - m_2 g d_2\cos(\theta_1 + \theta_2)\end{aligned}$$

二连杆机械手系统的拉格朗日函数 L 为

$$\begin{aligned}L &= K - P \\ &= \frac{1}{2}(m_1 + m_2)d_1^2\dot{\theta}_1^2 + \frac{1}{2}m_2 d_2^2(\dot{\theta}_1^2 + 2\dot{\theta}_1\dot{\theta}_2 + \dot{\theta}_2^2) + \\ &\quad m_2 d_1 d_2\cos\theta_2(\dot{\theta}_1^2 + \dot{\theta}_1\dot{\theta}_2) + (m_1 + m_2)g d_1\cos\theta_1 + m_2 g d_2\cos(\theta_1 + \theta_2)\end{aligned}$$

对 L 求导数，得

$$\frac{\partial L}{\partial\dot{\theta}_1} = (m_1 + m_2)l_1^2\dot{\theta}_1 + m_2 l_2^2(\dot{\theta}_1 + \dot{\theta}_2) + m_2 l_1 l_2(2\dot{\theta}_1 + \dot{\theta}_2)\cos\theta_2$$

$$\begin{aligned}\frac{\mathrm{d}}{\mathrm{d}t}\frac{\partial L}{\partial\dot{\theta}_1} &= (m_1 + m_2)l_1^2\ddot{\theta}_1 + m_2 l_2^2(\ddot{\theta}_1 + \ddot{\theta}_2) + m_2 l_1 l_2(2\ddot{\theta}_1 + \ddot{\theta}_2)\cos\theta_2 - m_2 l_1 l_2(2\dot{\theta}_1\dot{\theta}_2 + \dot{\theta}_2^2)\sin\theta_2 \\ &= [(m_1 + m_2)l_1^2 + m_2 l_2^2 + 2m_2 l_1 l_2\cos\theta_2]\ddot{\theta}_1 + [m_2 l_2^2 + m_2 l_1 l_2\cos\theta_2]\ddot{\theta}_2 - \\ &\quad 2m_2 l_1 l_2\sin\theta_2\dot{\theta}_1\dot{\theta}_2 - m_2 l_1 l_2\sin\theta_2\dot{\theta}_2^2\end{aligned}$$

$$\frac{\partial L}{\partial\theta_1} = -(m_1 + m_2)g l_1\sin\theta_1 - m_2 g l_2\sin(\theta_1 + \theta_2)$$

$$\frac{\partial L}{\partial \dot{\theta}_2} = m_2 l_2^2 (\dot{\theta}_1 + \dot{\theta}_2) + m_2 l_1 l_2 \dot{\theta}_1 \cos\theta_2$$

$$\frac{\mathrm{d}}{\mathrm{d}t} \frac{\partial L}{\partial \dot{\theta}_2} = m_2 l_2^2 (\ddot{\theta}_1 + \ddot{\theta}_2) + m_2 l_1 l_2 \cos\theta_2 \ddot{\theta}_1 - m_2 l_1 l_2 \dot{\theta}_1 \sin\theta_2$$

$$\frac{\partial L}{\partial \theta_2} = -m_2 l_1 l_2 (\dot{\theta}_1^2 + \dot{\theta}_1 \dot{\theta}_2) \sin\theta_2 - m_2 g l_2 \sin(\theta_1 + \theta_2)$$

$$T_1 = \big[(m_1 + m_2) l_1^2 + m_2 l_2^2 + 2 m_2 l_1 l_2 \cos\theta_2 \big] \ddot{\theta}_1 + \big[m_2 l_2^2 + m_2 l_1 l_2 \cos\theta_2 \big] \ddot{\theta}_2 -$$

$$2 m_2 l_1 l_2 \sin\theta_2 \dot{\theta}_1 \dot{\theta}_2 - m_2 l_1 l_2 \sin\theta_2 \dot{\theta}_2^2 + (m_1 + m_2) g l_1 \sin\theta_1 + m_2 g l_2 \sin(\theta_1 + \theta_2)$$

$$T_2 = m_2 l_2^2 (\ddot{\theta}_1 + \ddot{\theta}_2) + m_2 l_1 l_2 \cos\theta_2 \ddot{\theta}_1 - m_2 l_1 l_2 \dot{\theta}_1 \sin\theta_2 +$$

$$m_2 l_1 l_2 (\dot{\theta}_1^2 + \dot{\theta}_1 \dot{\theta}_2) \sin\theta_2 + m_2 g l_2 \sin(\theta_1 + \theta_2)$$

求得力矩的动力学方程式

$$\begin{bmatrix} T_1 \\ T_2 \end{bmatrix} = \begin{bmatrix} D_{11} & D_{12} \\ D_{21} & D_{22} \end{bmatrix} \begin{bmatrix} \ddot{\theta}_1 \\ \ddot{\theta}_2 \end{bmatrix} + \begin{bmatrix} D_{111} & D_{122} \\ D_{211} & D_{222} \end{bmatrix} \begin{bmatrix} \dot{\theta}_1^2 \\ \dot{\theta}_2^2 \end{bmatrix} + \begin{bmatrix} D_{112} & D_{121} \\ D_{212} & D_{221} \end{bmatrix} \begin{bmatrix} \dot{\theta}_1 \dot{\theta}_2 \\ \dot{\theta}_2 \dot{\theta}_1 \end{bmatrix} + \begin{bmatrix} D_1 \\ D_2 \end{bmatrix}$$

比较可得本系统各系数如下:

有效惯量

$$D_{11} = (m_1 + m_2) d_1^2 + m_2 d_2^2 + 2 m_2 d_1 d_2 \cos\theta_2$$

$$D_{22} = m_2 d_2^2$$

耦合惯量

$$D_{12} = m_2 d_2^2 + m_2 d_1 d_2 \cos\theta_2 = m_2 (d_2^2 + d_1 d_2 \cos\theta_2)$$

向心加速度系数

$$D_{111} = 0$$

$$D_{122} = -m_2 d_1 d_2 \sin\theta_2$$

$$D_{211} = m_2 d_1 d_2 \sin\theta_2$$

$$D_{222} = 0$$

哥氏加速度系数

$$D_{112} = D_{121} = -m_2 d_1 d_2 \sin\theta_2$$

$$D_{212} = D_{221} = 0$$

重力项

$$D_1 = (m_1 + m_2) g d_1 \sin\theta_1 + m_2 g d_2 \sin(\theta_1 + \theta_2)$$

$$D_2 = m_2 g d_2 \sin(\theta_1 + \theta_2)$$

其中,D_i 表示关节 i 处的重力; D_{ii} 为关节 i 的有效惯量; D_{ij} 为关节 i 和 j 间的耦合惯量; $l_1 = d_1$,$l_2 = d_2$。

3.3　机械手动力学方程

分析由一组变换描述的任何机械手,求出其动力学方程(图3-8)。推导过程分5步进行:
(1) 计算任一连杆上任一点的速度;
(2) 计算各连杆的动能和机械手的总动能;
(3) 计算各连杆的位能和机械手的总位能;
(4) 建立机械手系统的拉格朗日函数;
(5) 对拉格朗日函数求导,以得到动力学方程式。

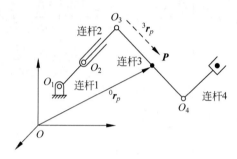

图 3-8　四连杆机械手

1. 速度的计算

连杆 3 上点 $\boldsymbol{P}$ 的速度为

$$^0\boldsymbol{v}_p = \frac{\mathrm{d}}{\mathrm{d}t}(^0\boldsymbol{r}_p) = \frac{\mathrm{d}}{\mathrm{d}t}(T_3\,^3\boldsymbol{r}_p) = \dot{T}_3\,^3\boldsymbol{r}_p$$

对于连杆 i 上任一点的速度为

$$v = \frac{\mathrm{d}r}{\mathrm{d}t} = \left(\sum_{j=1}^{i} \frac{\partial T_i}{\partial q_j}\dot{q}_j\right)\,^i\boldsymbol{r}$$

$\boldsymbol{P}$ 点的加速度为

$$^0\boldsymbol{a}_p = \frac{\mathrm{d}}{\mathrm{d}t}(^0\boldsymbol{v}_p) = \frac{\mathrm{d}}{\mathrm{d}t}(\dot{T}_3\,^3\boldsymbol{r}_p) = \ddot{T}_3\,^3\boldsymbol{r}_p = \frac{\mathrm{d}}{\mathrm{d}t}\left(\sum_{j=1}^{3} \frac{\partial T_3}{\partial q_i}\dot{q}_i\right)\,^3\boldsymbol{r}_p$$

$$= \left(\sum_{j=1}^{3} \frac{\partial T_3}{\partial q_i}\frac{\mathrm{d}}{\mathrm{d}t}\dot{q}_i\right)(^3\boldsymbol{r}_p) + \left(\sum_{k=1}^{3}\sum_{j=1}^{3} \frac{\partial^2 T_3}{\partial q_j \partial q_k}\dot{q}_k\dot{q}_j\right)(^3\boldsymbol{r}_p)$$

$$= \left(\sum_{j=1}^{3} \frac{\partial T_3}{\partial q_i}\ddot{q}_i\right)(^3\boldsymbol{r}_p) + \left(\sum_{k=1}^{3}\sum_{j=1}^{3} \frac{\partial^2 T_3}{\partial q_j \partial q_k}\dot{q}_k\dot{q}_j\right)(^3\boldsymbol{r}_p)$$

速度的平方为

$$(^0\boldsymbol{v}_p)^2 = (^0\boldsymbol{v}_p)\cdot(^0\boldsymbol{v}_p) = \mathrm{Trace}[(^0\boldsymbol{v}_p)\cdot(^0\boldsymbol{v}_p)^{\mathrm{T}}]$$

$$= \mathrm{Trace}\left[\sum_{j=1}^{3} \frac{\partial T_3}{\partial q_j}\dot{q}_j\,(^3\boldsymbol{r}_p)\cdot\sum_{k=1}^{3}\left(\frac{\partial T_3}{\partial q_k}\dot{q}_k\right)(^3\boldsymbol{r}_p)^{\mathrm{T}}\right]$$

$$= \mathrm{Trace}\left[\sum_{j=1}^{3}\sum_{k=1}^{3} \frac{\partial T_3}{\partial q_j}(^3\boldsymbol{r}_p)(^3\boldsymbol{r}_p)^{\mathrm{T}}\frac{\partial T_3}{\partial q_k}^{\mathrm{T}}\dot{q}_j\dot{q}_k\right]$$

式中,Trace 表示矩阵的迹。对于 n 阶方程来说,其迹即为它的主对角线上各元素之和。

任一机械手上一点的速度平方为

$$v^2 = \left(\frac{\mathrm{d}r}{\mathrm{d}t}\right)^2 = \mathrm{Trace}\left[\sum_{j=1}^{i}\frac{\partial T_i}{\partial q_j}\dot{q}_j\,{}^i\boldsymbol{r}\sum_{k=1}^{i}\left(\frac{\partial T_i}{\partial q_k}\dot{q}_k\,{}^i r\right)^{\mathrm{T}}\right]$$

$$= \mathrm{Trace}\left[\sum_{j=1}^{i}\sum_{k=1}^{i}\frac{\partial T_i}{\partial q_k}\,{}^i\boldsymbol{r}\,{}^i\boldsymbol{r}^{\mathrm{T}}\left(\frac{\partial T_i}{\partial q_k}\right)^{\mathrm{T}}\dot{q}_k\dot{q}_k\right]$$

2. 动能的计算

令连杆 3 上任一质点 $\boldsymbol{P}$ 的质量为 $\mathrm{d}m$,则其动能为

$$\mathrm{d}K_3 = \frac{1}{2}v_p^2\,\mathrm{d}m$$

$$= \frac{1}{2}\mathrm{Trace}\left[\sum_{j=1}^{3}\sum_{k=1}^{3}\frac{\partial T_3}{\partial q_i}\,{}^3\boldsymbol{r}_p\,({}^3\boldsymbol{r}_p)^{\mathrm{T}}\left(\frac{\partial T_3}{\partial q_k}\right)^{\mathrm{T}}\dot{q}_i\dot{q}_k\right]\mathrm{d}m$$

$$= \frac{1}{2}\mathrm{Trace}\left[\sum_{j=1}^{3}\sum_{k=1}^{3}\frac{\partial T_3}{\partial q_i}({}^3\boldsymbol{r}_p\,\mathrm{d}m\,{}^3\boldsymbol{r}_p^{\mathrm{T}})^{\mathrm{T}}\left(\frac{\partial T_3}{\partial q_k}\right)^{\mathrm{T}}\dot{q}_i\dot{q}_k\right]$$

任一机械手连杆 i 上位置向量 ${}^i\boldsymbol{r}$ 的质点,其动能为

$$\mathrm{d}K_i = \frac{1}{2}\mathrm{Trace}\left[\sum_{j=1}^{i}\sum_{k=1}^{i}\frac{\partial T_i}{\partial q_j}\,{}^i\boldsymbol{r}\,{}^i\boldsymbol{r}^{\mathrm{T}}\frac{\partial T_i^{\mathrm{T}}}{\partial q_k}\dot{q}_j\dot{q}_k\right]\mathrm{d}m$$

$$= \frac{1}{2}\mathrm{Trace}\left[\sum_{j=1}^{i}\sum_{k=1}^{i}\frac{\partial T_i}{\partial q_j}({}^i\boldsymbol{r}\,\mathrm{d}m\,{}^i\boldsymbol{r}^{\mathrm{T}})^{\mathrm{T}}\frac{\partial T_i^{\mathrm{T}}}{\partial q_k}\dot{q}_j\dot{q}_k\right]$$

连杆 3 的动能为

$$K_3 = \int_{\text{连杆}3}\mathrm{d}K_3 = \frac{1}{2}\mathrm{Trace}\left[\sum_{j=1}^{3}\sum_{k=1}^{3}\frac{\partial T_3}{\partial q_j}\left(\int_{\text{连杆}3}^{3}\boldsymbol{r}_p^{3}\boldsymbol{r}_p^{\mathrm{T}}\,\mathrm{d}m\right)\left(\frac{\partial T_3}{\partial q_k}\right)^{\mathrm{T}}\dot{q}_j\dot{q}_k\right]$$

任何机械手上任一连杆 i 动能为

$$K_i = \int_{\text{连杆}i}\mathrm{d}K_i = \frac{1}{2}\mathrm{Trace}\left[\sum_{j=1}^{i}\sum_{k=1}^{i}\frac{\partial T_i}{\partial q_j}I_i\left(\frac{\partial T_i}{\partial q_k}\right)\dot{q}_j\dot{q}_k\right]$$

式中,I_i 为伪惯量矩阵。

具有 n 个连杆的机械手总的功能为

$$K = \sum_{i=1}^{n}K_i = \frac{1}{2}\sum_{i=1}^{n}\mathrm{Trace}\left[\sum_{j=1}^{n}\sum_{k=1}^{i}\frac{\partial T_i}{\partial q_j}I_i\frac{\partial T_i^{\mathrm{T}}}{\partial q_k}\dot{q}_j\dot{q}_k\right]$$

连杆 i 的传动装置动能为

$$K_{ai} = \frac{1}{2}I_{ai}\dot{q}_i^2$$

所有关节的传动装置总动能为

$$K_a = \frac{1}{2}\sum_{i=1}^{n}I_{ai}\dot{q}_i^2$$

机械手系统(包括传动装置)的总动能为

$$K_t = K + K_a = \frac{1}{2}\sum_{i=1}^{6}\sum_{j=1}^{i}\sum_{k=1}^{i}\mathrm{Trace}\left(\frac{\partial T_i}{\partial q_i}I_i\frac{\partial T_i^{\mathrm{T}}}{\partial q_k}\right)\dot{q}_j\dot{q}_k + \frac{1}{2}\sum_{i=1}^{6}I_{ai}\dot{q}_i^2$$

3. 位能的计算

一个在高度 h 处质量为 m 的物体,其位能为

$$P = mgh$$

连杆 i 上位置 $^i\boldsymbol{r}$ 处的质点 $\mathrm{d}m$，其位能为

$$\mathrm{d}P_i = -\mathrm{d}m\boldsymbol{g}T_0\boldsymbol{r} = -\boldsymbol{g}^{\mathrm{T}}\boldsymbol{T}_i{}^i\boldsymbol{r}\,\mathrm{d}m$$

式中，$\boldsymbol{g}^{\mathrm{T}} = [g_x, g_y, g_z, 1]$。

$$P_i = \int_{\text{连杆}i}\mathrm{d}P_i = -\int_{\text{连杆}i}\boldsymbol{g}^{\mathrm{T}}\boldsymbol{T}_i{}^i\boldsymbol{r}\,\mathrm{d}m = -\boldsymbol{g}^{\mathrm{T}}\boldsymbol{T}_i\int_{\text{连杆}i}{}^i\boldsymbol{r}\,\mathrm{d}m$$

$$= -\boldsymbol{g}^{\mathrm{T}}\boldsymbol{T}_i m_i{}^i\boldsymbol{r}_i = -m_i\boldsymbol{g}^{\mathrm{T}}\boldsymbol{T}_i{}^i\boldsymbol{r}_i$$

连杆上位置 $^i\boldsymbol{r}$ 处的质点 $\mathrm{d}m$，其位能为

$$\mathrm{d}P_i = -\mathrm{d}m\boldsymbol{g}^{T_0}\boldsymbol{r} = -\boldsymbol{g}^{\mathrm{T}}\boldsymbol{T}_i{}^i\boldsymbol{r}\,\mathrm{d}m$$

机械手系统的总位能为

$$P = \sum_{i=1}^{n}(P_i - P_{ai}) \approx \sum_{i=1}^{n}P_i = -\sum_{i=1}^{n}m_i\boldsymbol{g}^{\mathrm{T}}\boldsymbol{T}_i{}^i\boldsymbol{r}_i$$

4. 拉格朗日函数的建立

$$L = K_t - P = \frac{1}{2}\sum_{i=1}^{n}\sum_{j=1}^{i}\sum_{k=1}^{i}\mathrm{Trace}\left(\frac{\partial \boldsymbol{T}_i}{\partial q_i}\boldsymbol{I}_i\frac{\partial \boldsymbol{T}_i^{\mathrm{T}}}{\partial q_k}\right)\dot{q}_j\dot{q}_k +$$

$$\frac{1}{2}\sum_{i=1}^{n}I_{ai}\dot{q}_i^2 + \sum_{i=1}^{n}m_i\boldsymbol{g}^{\mathrm{T}}\boldsymbol{T}_i{}^i\boldsymbol{r}_i, \quad n = 1,2,\cdots,n$$

5. 动力学方程的推导

再据式(3.2)求动力学方程，先求导数

$$\frac{\partial L}{\partial \dot{q}_p} = \frac{1}{2}\sum_{i=1}^{n}\sum_{k=1}^{i}\mathrm{Trace}\left(\frac{\partial \boldsymbol{T}_i}{\partial q_p}\boldsymbol{I}_i\frac{\partial \boldsymbol{T}_i^{\mathrm{T}}}{\partial q_k}\right)\dot{q}_k +$$

$$\frac{1}{2}\sum_{i=1}^{n}\sum_{j=1}^{i}\mathrm{Trace}\left(\frac{\partial \boldsymbol{T}_i}{\partial q_j}\boldsymbol{I}_i\frac{\partial \boldsymbol{T}_i^{\mathrm{T}}}{\partial q_p}\right)\dot{q}_j + I_{ap}\dot{q}_p \quad p = 1,2,\cdots,n$$

据上式知，$\boldsymbol{I}_i$ 为对称矩阵，即 $\boldsymbol{I}_i^{\mathrm{T}} = \boldsymbol{I}_i$，所以下式成立：

$$\mathrm{Trace}\left(\frac{\partial \boldsymbol{T}_i}{\partial q_j}\boldsymbol{I}_i\frac{\partial \boldsymbol{T}_i^{\mathrm{T}}}{\partial q_k}\right) = \mathrm{Trace}\left(\frac{\partial \boldsymbol{T}_i}{\partial q_k}\boldsymbol{I}_i^{\mathrm{T}}\frac{\partial \boldsymbol{W}_i^{\mathrm{T}}}{\partial q_j}\right) = \mathrm{Trace}\left(\frac{\partial \boldsymbol{T}_i}{\partial q_k}\boldsymbol{I}_i\frac{\partial \boldsymbol{W}_i^{\mathrm{T}}}{\partial q_j}\right)$$

$$\frac{\partial L}{\partial \dot{q}_p} = \sum_{i=1}^{n}\sum_{k=1}^{i}\mathrm{Trace}\left(\frac{\partial \boldsymbol{T}_i}{\partial q_k}\boldsymbol{I}_i\frac{\partial \boldsymbol{T}_i^{\mathrm{T}}}{\partial q_p}\right)\dot{q}_k + I_{ap}\dot{q}_p$$

$$\frac{\mathrm{d}}{\mathrm{d}t}\frac{\partial L}{\partial \dot{q}_p} = \sum_{i=p}^{n}\sum_{k=1}^{i}\mathrm{Trace}\left(\frac{\partial \boldsymbol{T}_i}{\partial q_k}\boldsymbol{I}_i\frac{\partial \boldsymbol{T}_i^{\mathrm{T}}}{\partial q_p}\right)\ddot{q}_k + I_{ap}\ddot{q}_p +$$

$$\sum_{i=p}^{n}\sum_{j=1}^{i}\sum_{k=1}^{i}\mathrm{Trace}\left(\frac{\partial^2 \boldsymbol{T}_i}{\partial q_j\partial q_k}\boldsymbol{I}_i\frac{\partial \boldsymbol{T}_i^{\mathrm{T}}}{\partial q_i}\right)\dot{q}_j\dot{q}_k +$$

$$\sum_{i=p}^{n}\sum_{j=1}^{i}\sum_{k=1}^{i}\mathrm{Trace}\left(\frac{\partial^2 \boldsymbol{T}_i}{\partial q_p\partial q_k}\boldsymbol{I}_i\frac{\partial \boldsymbol{T}_i^{\mathrm{T}}}{\partial q_i}\right)\dot{q}_j\dot{q}_k$$

$$= \sum_{i=p}^{n}\sum_{k=1}^{i}\mathrm{Trace}\left(\frac{\partial \boldsymbol{T}_i}{\partial q_k}\boldsymbol{I}_i\frac{\partial \boldsymbol{T}_i^{\mathrm{T}}}{\partial q_p}\right)\ddot{q}_k + I_{ap}\ddot{q}_p + 2\sum_{i=p}^{n}\sum_{j=1}^{i}\sum_{k=1}^{i}\mathrm{Trace}\left(\frac{\partial^2 \boldsymbol{T}_i}{\partial q_j\partial q_k}\boldsymbol{I}_i\frac{\partial \boldsymbol{T}_i^{\mathrm{T}}}{\partial q_k}\right)\dot{q}_j\dot{q}_k$$

$$\frac{\partial L}{\partial q_p} = \frac{1}{2}\sum_{i=p}^{n}\sum_{j=1}^{i}\sum_{k=1}^{i}\mathrm{Trace}\left(\frac{\partial^2 \boldsymbol{T}_i}{\partial q_j\partial q_k}\boldsymbol{I}_i\frac{\partial \boldsymbol{T}_i^{\mathrm{T}}}{\partial q_k}\right)\dot{q}_j\dot{q}_k +$$

$$\frac{1}{2}\sum_{i=p}^{n}\sum_{i=1}^{i}\sum_{k=1}^{i}\mathrm{Trace}\left(\frac{\partial^2 \boldsymbol{T}_i}{\partial q_k \partial q_p}\boldsymbol{I}_i\,\frac{\partial \boldsymbol{T}_i^{\mathrm{T}}}{\partial q_j}\right)\dot{q}_j\dot{q}_k + \sum_{i=p}^{n}m_i\boldsymbol{g}^{\mathrm{T}}\frac{\partial \boldsymbol{T}_{ii}}{\partial q_p}\boldsymbol{r}_i$$

$$=\sum_{i=p}^{n}\sum_{j=1}^{i}\sum_{k=1}^{i}\mathrm{Trace}\left(\frac{\partial^2 \boldsymbol{T}_i}{\partial q_p \partial q_j}\boldsymbol{I}_i\,\frac{\partial \boldsymbol{T}_i^{\mathrm{T}}}{\partial q_k}\right)\dot{q}_j\dot{q}_k + \sum_{i=p}^{n}m_i\boldsymbol{g}^{\mathrm{T}}\frac{\partial \boldsymbol{T}_{ii}}{\partial q_p}\boldsymbol{r}_i$$

具有 n 个连杆的机械手系统动力学方程如下：

$$T_i = \sum_{j=i}^{n}\sum_{k=1}^{j}\mathrm{Trace}\left(\frac{\partial \boldsymbol{T}_j}{\partial q_k}\boldsymbol{I}_j\,\frac{\partial \boldsymbol{T}_j^{\mathrm{T}}}{\partial q_i}\right)\ddot{q}_k + I_{ai}\ddot{q}_i +$$

$$\sum_{j=1}^{n}\sum_{k=1}^{j}\sum_{m=1}^{j}\mathrm{Trace}\left(\frac{\partial^2 \boldsymbol{T}_i}{\partial q_k \partial q_m}\boldsymbol{I}_j\,\frac{\partial \boldsymbol{T}_j^{\mathrm{T}}}{\partial q_i}\right)\dot{q}_k\dot{q}_m - \sum_{j=1}^{n}m_j\boldsymbol{g}^{\mathrm{T}}\frac{\partial \boldsymbol{T}_{ii}}{\partial q_i}\boldsymbol{r}_i$$

$$T_i = \sum_{j=1}^{n}D_{ij}\ddot{q}_j + I_{ai}\ddot{q}_i + \sum_{j=1}^{6}\sum_{k=1}^{6}D_{ijk}\dot{q}_j\dot{q}_k + D_i$$

第4章

工业机器人的结构组成

工业机器人机械部分的设计是工业机器人设计的重要部分,其他系统的设计应有各自的独立要求,但必须与机械系统相匹配、相辅相成才能组成一个完整的机器人系统。不同应用领域的工业机器人在机械系统设计上的差异比工业机器人的其他系统设计上的差异大得多。因此,本章针对新松工业机器人机械组成结构进行介绍。

学习完本章的内容后,读者应能够了解机器人机身不同结构的组成原理,手部、腕部、臂部、传动和行走机构各部分的组成与种类;能熟练地分析各机械结构系统的特点与工作原理;掌握各机械结构的典型机构;能用上述所学分析实用机器人各机械结构的组成、原理、故障的可能原因。

4.1 工业机器人的系统组成

新松机器人系统主要包括机器人本体、控制柜、编程示教盒三部分,如图 4-1 所示。配件有控制柜与机械本体的电缆连线,包括码盘电缆、动力电缆,还有为整个系统供电的电源电缆、变压器。

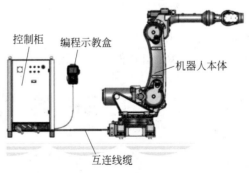

图 4-1 新松机器人系统构成示意图

1. 机器人本体

工业机器人的机械主体是用于完成各种作业的执行机构,主要由机械臂、驱动装置、传动单元及内部传感器等部分组成,如图 4-2 所示。

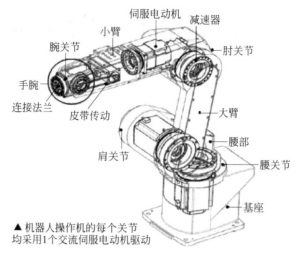

▲ 机器人操作机的每个关节
均采用1个交流伺服电动机驱动

图 4-2　关节型机器人的基本构造

2. 控制柜外观

新松机器人控制柜前面板上有控制柜电源开关、门锁以及各种按钮/指示灯,示教盒悬挂在按钮下方的挂钩上,控制柜底部是互连电缆接口,如图 4-3 所示。

图 4-3　新松机器人控制柜外观示意图

3. 控制框电源开关和按钮/指示灯介绍

控制柜的控制电源开关和按钮/指示灯如图 4-4 所示。

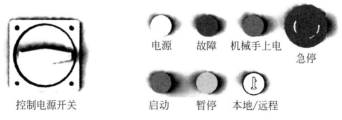

图 4-4　控制柜的控制电源开关和按钮/指示灯

（1）控制电源开关。

（2）电源指示灯,指示控制柜电源已经接通。当控制柜电源接通后,该指示灯亮。

（3）故障指示灯,指示机器人处于报警或急停状态。当机器人控制系统发生报警时,该指示灯亮;当报警解除后,该指示灯熄灭。

（4）机械手上电指示灯。在示教模式下,伺服驱动单元上动力电,再按 3 挡使能开关,给伺服电动机上电,指示灯亮;在执行模式下,伺服驱动及电动机同时上电,指示灯亮。

（5）启动/运行指示灯既是按钮又是指示灯。当系统是执行模式时,启动指定程序自动运行。当程序自动运行时,指示灯亮。

（6）暂停指示灯既是按钮又是指示灯。当系统是执行模式时,暂停正在自动运行的程序,再次按下启动按钮,程序可以继续运行。当程序处于暂停状态时,指示灯亮。

（7）本地/远程可旋转开关。当开关旋转至本地时,机器人自动运行由控制柜按钮实现;当开关旋转至远程时,机器人自动运行由外围设备控制实现。

（8）急停按钮。该按钮按下时,伺服驱动及电动机的动力电立刻被切断,如果机器人正在运动,则立刻停止运动,没有减速过程;旋转拔起该按钮可以解除急停。非紧急情况下,如果机器人正在运行,请先按下暂停按钮,不要在机器人运动过程中直接关闭电源或按下急停按钮,以免对机械造成冲击损害。

4. 控制柜控制器、I/O 板、驱动器连接图

图 4-5 为控制柜元器件示意图；图 4-6 所示为系统连接图。

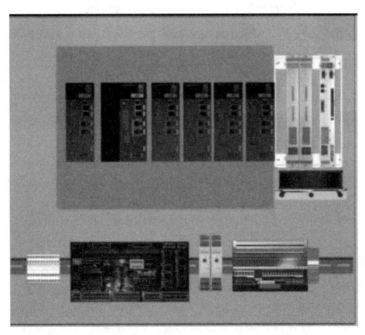

图 4-5　控制柜元器件示意图

5. 示教盒

示教盒是一个人机交互设备。通过它操作者可以操作机器人运动,完成示教编程,实现对系统的设定、故障诊断等,如图 4-7 所示。

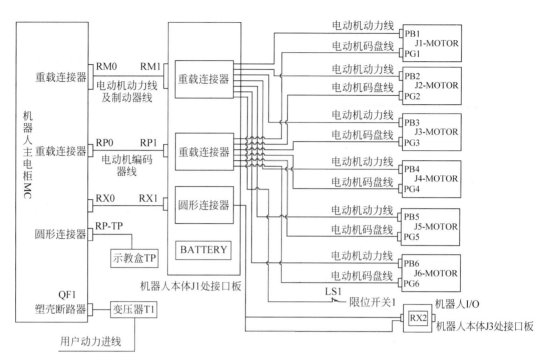

图 4-6　系统连接图

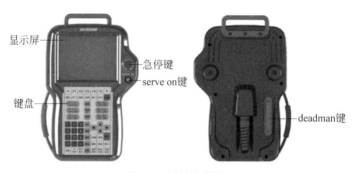

图 4-7　示教盒外观

4.2　机器人本体机械安装结构组成

J1 轴电动机固定到 J2 部分腰座上,减速器固定端固定到 J1 底座上,减速器输出端固定到 J2 腰座上。J1 轴电动机旋转通过减速轴直接输入到减速器输入端,再通过减速器输出端驱动 J2 轴组件及以上部件旋转,如图 4-8 所示。

J2 轴电动机的旋转直接馈送到减速器输入端,减速器输入端固定在 J2 腰座上,输出端固定在大臂组件上,输出驱动 J2 大臂旋转。

J3 轴电动机的旋转直接反馈到减速器输入端,减速器输入端固定在 J2 大臂上,输出端固定在 J3 轴上,输出用于旋转 3 轴臂管组件。

图 4-9 显示了 J4、J5、J6 轴驱动装置。在图 4-9 中,J4 轴电动机固定在 3 轴基座上,通过

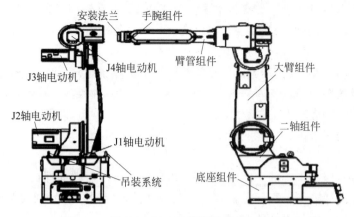

图 4-8 J1～J3 轴驱动装置

减速器驱动 J4 轴运动；J5、J6 轴电动机固定在前臂管组件中，J5 轴电动机通过同步带传动到减速器带动 J5 轴转动；J6 轴电动机通过同步带、锥齿轮传动到减速器，减速器带动 J6 轴转动。

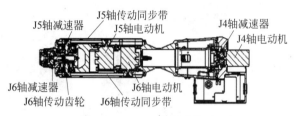

图 4-9 J4～J6 轴驱动装置

4.2.1 机器人基座和腰部结构

1. 基座

基座是整个机器人的支撑部分，它既是机器人的安装和固定部位，也是机器人的电线电缆、气管油管输入连接部位，如图 4-10 所示。

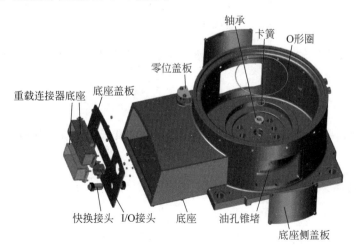

图 4-10 机器人基座结构

　　安装机器人本体时一般不直接将本体安装于地面,而是使用机器人底座。机器人底座可以由客户自行设计,也可以联系新松要求定制。如有特殊情况,需要将机器人直接固定在地面,但此方法将不利于机器人的维修与零件更换。

　　若将机器人固定在地面,建议使用化学锚栓而不是膨胀螺栓,化学锚栓比膨胀螺栓更耐机器人运动造成的振动。

　　将机器人固定在底座上的过程中请保持机器人的出厂姿态,以保证机器人的平衡,防止倾倒造成不必要的损失。

　　2. 腰部结构

　　腰部是连接基座和下臂的中间体,腰部可以连同下臂及后端部件在基座上回转,以改变整个机器人的作业面方向。腰部是机器人的关键部件,其结构刚性、回转范围、定位精度等都直接决定了机器人的技术性能,如图 4-11 所示。

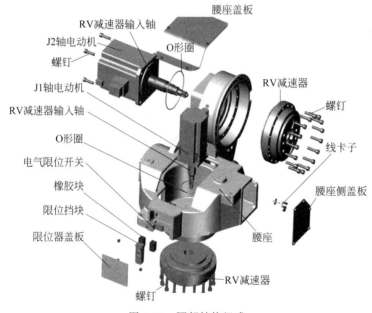

图 4-11　腰部结构组成

　　3. 三轴结构

　　三轴结构主要有三轴电动机、四轴电动机等主要组成部分,它是连接大臂和前臂管的组成部分,如图 4-12 所示。

4.2.2　机器人大臂结构

　　大臂是连接腰部和前臂的中间体,大臂可以连同前臂及后端部件在腰上摆动,以改变参考点的前后及上下位置,如图 4-13 所示。

4.2.3　机器人手腕和前臂结构

　　1. 前臂结构

　　前臂是连接大臂和手腕的中间体,前臂可以连同手腕及后端部件在前臂上摆动,以改变参数点的上下及前后位置,如图 4-14 所示。

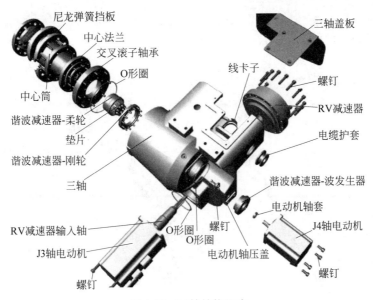

图 4-12 三轴结构组成

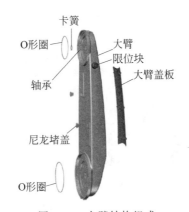

图 4-13 大臂结构组成

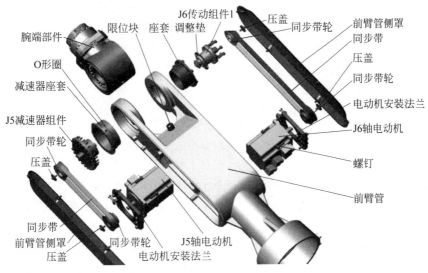

图 4-14 前臂结构组成

2. 五轴内部结构

五轴内部结构如图 4-15 所示。

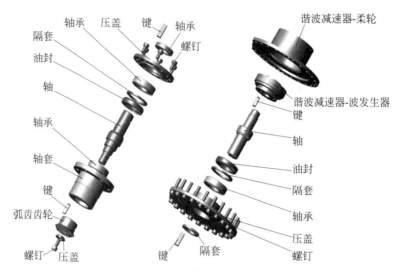

图 4-15　五轴内部结构组成

3. 六轴内部结构

六轴内部结构如图 4-16 所示。

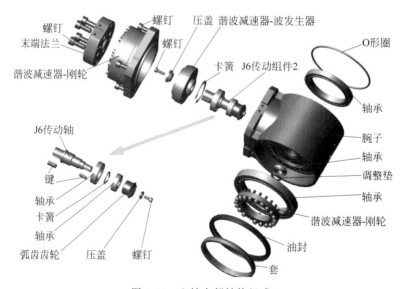

图 4-16　六轴内部结构组成

4. 手腕结构

工业机器人手腕的主要作用是改变末端执行器的姿态。例如,通过手腕的回转和弯曲,保证刀具、焊枪等加工工具的轴线与加工面垂直等。当然,改变执行器姿态,也可起到减小定位机构运动干涉区、扩大机器人作业空间等作用。因此,手腕是决定机器人作业灵活性的关键部件。工业机器人的手腕一般由腕部和手部组成。腕部用于连接前臂和手部;手部用于安装末端执行器。机器人腕部的回转和输出机构通常与前臂同轴安装,因此,也可以将其视为上臂的延长部件。

为了使手部能处于空间任意方向,要求腕部能实现对空间 3 个坐标轴 X、Y、Z 的转动,即具有翻转、俯仰和偏转 3 个自由度,如图 4-17 所示。通常把腕部的回转称为 Roll,用 R 表示;把腕部的俯仰称为 Pitch,用 P 表示;把腕部的偏转称为 Yaw,用 Y 表示。

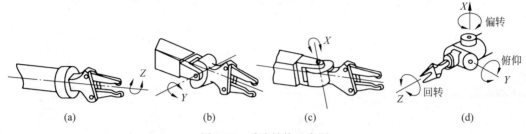

图 4-17 手腕结构示意图

1) 单自由度手腕

图 4-18(a)所示为 R 关节,它使手臂纵轴线和手腕关节轴线构成共轴线形式,其旋转角度大,可在 360°以上;图 4-18(b)、图 4-18(c)所示为 B 关节,关节轴线与前、后两个连接件的轴线相垂直。B 关节因为受到结构上的干涉,旋转角度小,方向角大大受限。图 4-18(d)所示为 T 关节。

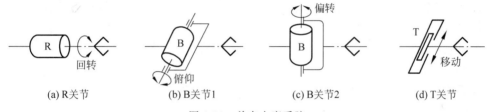

图 4-18 单自由度手腕

2) 二自由度手腕

二自由度手腕可以是由一个 R 关节和一个 B 关节组成的 BR 手腕[图 4-19(a)],也可以是由两个 B 关节组成的 BB 手腕[图 4-19(b)]。但是不能由两个 RR 关节组成 RR 手腕,因为两个 R 关节共轴线,所以会减小一个自由度,实际只构成单自由度手腕[图 4-19(c)]。二自由度手腕中最常用的是 BR 手腕。

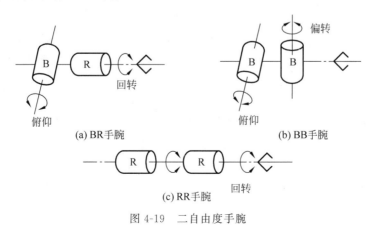

图 4-19 二自由度手腕

3）三自由度手腕

三自由度手腕可以是由 B 关节和 R 关节组成的多种形式的手腕,在实际应用中,常用的有 BBR、RRR、BRR 和 RBR 四种,如图 4-20 所示。

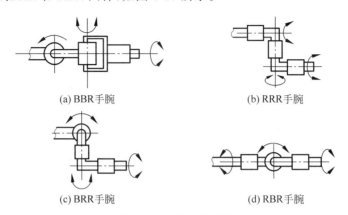

(a) BBR手腕　　　　　　　　　(b) RRR手腕

(c) BRR手腕　　　　　　　　　(d) RBR手腕

图 4-20　三自由度手腕

4.2.4　搬运机器人末端执行器

机器人末端执行器指的是任何一个连接在机器人边缘(关节)具有一定功能的工具,可能包含机器人抓手、机器人工具快换装置、机器人碰撞传感器、机器人旋转连接器、机器人压力工具、顺从装置、机器人喷涂枪、机器人毛刺清理工具、机器人弧焊焊枪、机器人电焊焊枪等。机器人末端执行器通常被认为是机器人的外围设备、机器人的附件、机器人工具、手臂末端工具。

按照手指的运动进行分类,可以分为平移型和回转型。

按照机械夹持方式进行分类,可以分为外夹式和内撑式。

按照机械结构特性进行分类,可以分为电动(电磁)式、液压式与气动式,以及它们相互的组合。

常见的搬运机器人末端执行器有吸附式、夹钳式和仿人式等。吸附式末端执行器依据吸力不同,可分为气吸附和磁吸附。

1. 气吸附

气吸附主要是利用吸盘内压强和大气压之间的压力差进行工作,典型的为真空吸盘吸附,如图 4-21 所示。

真空吸盘吸附通过连接真空发生装置和气体发生装置实现抓取和释放工件。工作时,真空发生装置将吸盘与工件之间的空气吸走使其达到真空状态,此时吸盘内的气压小于吸盘外的气压,工件在外部压力的作用下被抓取,如图 4-22 所示。

利用流体力学原理,通过压缩空气(高压)高速流动带走吸盘内气体(低压)使吸盘内形成负压,同样利用吸盘内外压力差完成取件动作,切断压缩空气随即消除吸盘内负压,完成释放工件动作。

2. 磁吸附

磁吸附是利用磁力进行吸取工件,常见的磁力吸盘分为永磁吸盘(图 4-23)、电磁吸盘(图 4-24)、电永磁吸盘等,典型的为永磁吸盘。

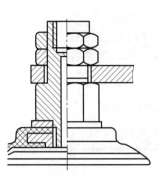

图 4-21　气吸附示意图

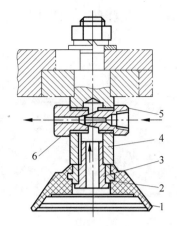

1—橡胶吸盘；2—心套；3—透气螺钉；4—支撑架；5—喷嘴；6—喷嘴套

图 4-22　真空吸盘吸附示意图

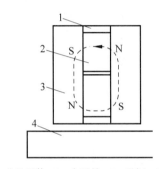

1—非导磁体；2—永磁铁；3—磁轭；4—工件

图 4-23　永磁吸盘示意图

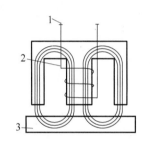

1—直流电源；2—激磁线圈；3—工件

图 4-24　电磁吸盘示意图

　　永磁吸盘利用磁力线通路的连续性及磁场叠加性进行工作。永磁吸盘的磁路为多个磁系，通过磁系之间的相互运动控制工件磁极面上的磁场强度的强弱进而实现工件的吸附和释放动作。

　　电永磁吸附是利用永磁磁铁产生磁力，通过激磁线圈对吸力大小进行控制，起到开关的作用。

　　磁吸附只能吸附对磁产生感应的物体，故对于要求不能有剩磁的工件无法使用，且磁力受高温影响较大，故在高温下工作亦不能选择磁吸附，所以在使用过程中有一定局限性。常适合要求抓取精度不高且在常温下工作的工件。

4.3　驱动结构

4.3.1　光电编码器

　　光电编码器是角度（角速度）检测装置，通过光电转换，将输出轴上的机械几何位移量转换成脉冲或数字量的传感器，具有体积小、精度高、工作可靠、接口数字化等优点。它广泛应用于数控机床回转台、伺服传动、机器人、雷达、军事目标测定等需要检测角度的装置和设备中,如图 4-25 所示。

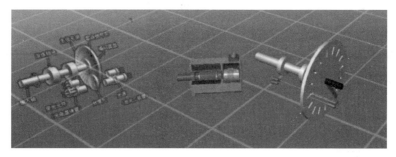

图 4-25　光电编码器示意图

编码器输出表示位移增量的编码器脉冲信号,并带有符号。图 4-26 所示为光电编码器工作原理图及输出波形。依据检测原理,编码器可分为光学式、磁式、感应式和电容式。

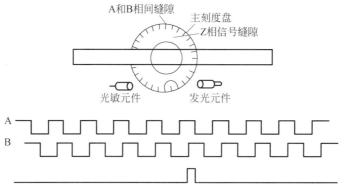

图 4-26　编码器原理及脉冲信号示意图

常见的光电编码器由光栅盘、发光元件和光敏元件组成。

光电码盘随电动机转动,输出脉冲信号。根据旋转方向用计数器对输出脉冲计数就能确定电动机的位移或转速。

光电编码器的透明圆盘上设置 n 条同心圆环,对环带进行二进制编码。根据其刻度方法及信号输出形式,光电编码器分为增量式、绝对式以及混合式 3 种,下面介绍前两种编码器。

1. 增量式编码器

如图 4-27 所示,增量式编码器的每个码道上黑(不透光)白(透光)二进制数的 0 码道沿径向具有不同的二进制值。

码盘转动,光电元件接收光信号,并转换成相应的数字电信号。

各种增量式编码器的工作模式是相同的,用一个光电池或光导元件来检测圆盘转动引起的图式变化。在这个圆盘上,有规律地间隔画有黑线条,并把此盘置于

图 4-27　增量式编码器

光源前面。圆盘转动时,这些交变的光信号变换为一系列电脉冲。增量式编码器有两路主要输出,每转各产生一定数量的脉冲,高达 2×10^4 Hz,这个脉冲数直接决定该传感器的精度。

2. 绝对式编码器

绝对式编码器也是圆盘式的,但其线条图形与增量式编码器不同。在绝对式编码器的圆盘面上安排有黑白相间的图形,任何半径方向上黑白区域的顺序组成驱动轴与已知原点间转角的二进制,见图 4-28。

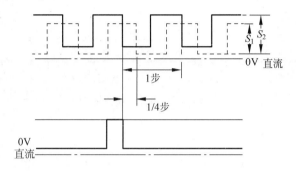

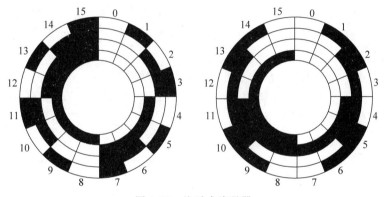

图 4-28　绝对式编码器

4.3.2　驱动装置

要使机器人运行起来,需给各关节即每个运动自由度安置传动装置,提供机器人各部位、各关节动作的原动力。这个驱动系统可以是液压传动、气动传动、电动传动,或者把它们结合起来应用的综合系统,可以是直接驱动或者是通过同步带、链条、轮系、谐波齿轮等机械传动机构进行间接驱动。

1. 驱动机构

1) 电动驱动

电动驱动装置的能源简单,速度变化范围大,效率高,速度和位置精度都很高。但它们多与减速装置相连,直接驱动比较困难。

电动驱动装置又可分为直流(DC)、交流(AC)伺服电动机驱动和步进电动机驱动。直流伺服电动机电刷易磨损,且易形成火花。无刷直流电动机得到了越来越广泛的应用。步进电动机驱动多为开环控制,控制简单但功率不大,多用于低精度小功率机器人系统。

2）液压驱动

液压驱动通过高精度的缸体和活塞完成驱动,通过缸体和活塞杆的相对运动实现直线运动。

优点:功率大,可省去减速装置直接与被驱动的杆件相连,结构紧凑,刚度好,响应快,伺服驱动具有较高的精度。

缺点:需要增设液压源,易产生液体泄漏,不适合高、低温场合,故液压驱动目前多用于特大功率的机器人系统。

使用注意事项:选择适合的液压油。防止固体杂质混入液压系统,防止空气和水入侵液压系统。机械作业要柔和平顺,应避免粗暴,否则必然产生冲击负荷,使机械故障频发,大大缩短使用寿命。作业中要时刻注意液压泵和溢流阀的声音,如果液压泵出现气蚀噪声,经排气后不能消除,应查明原因排除故障后才能使用。保持适宜的油温,液压系统的工作温度一般控制在 30℃~80℃为宜。

3）气压驱动

气压驱动的结构简单,清洁,动作灵敏,具有缓冲作用。但与液压驱动装置相比,功率较小,刚度差,噪声大,速度不易控制,所以多用于精度不高的点位控制机器人。

(1)具有速度快、系统结构简单,维修方便、价格低等特点。适于在中、小负荷的机器人中采用。但因难于实现伺服控制,多用于程序控制的机械人中,如在上、下料和冲压机器人中应用较多。

(2)在多数情况下用于实现两位式的或有限点位控制的中、小机器人。

(3)控制装置目前多数选用可编程控制器(PLC 控制器)。在易燃、易爆场合下可采用气动逻辑元件组成控制装置。

2. 直线传动机构

传动装置是连接动力源和运动连杆的关键部分,根据关节形式,常用的传动机构形式有直线传动机构和旋转传动机构。

直线传动方式可用于直角坐标机器人的 X、Y、Z 向驱动,圆柱坐标结构的径向驱动和垂直升降驱动,以及球坐标结构的径向伸缩驱动。

直线运动可以通过齿轮齿条、丝杠螺母等传动元件将旋转运动转换成直线运动,也可以由直线驱动电动机驱动,或者直接由气缸或液压缸的活塞产生。

1）齿轮齿条装置

齿轮齿条装置的齿条通常是固定的。齿轮的旋转运动转换成托板的直线运动。

优点:结构简单。

缺点:回差较大。

2）滚珠丝杠

滚珠丝杠是在丝杠和螺母的螺旋槽内嵌入滚珠,并通过螺母中的导向槽使滚珠能连续循环。

优点:摩擦力小,传动效率高,无爬行,精度高。

缺点:制造成本高,结构复杂。

自锁问题:理论上滚珠丝杠副也可以自锁,但是实际应用中没有使用这个自锁的,原因主要是可靠性很差,或加工成本很高;因为直径与导程比非常大。一般都是再加一套蜗轮蜗杆之类的自锁装置。

3．旋转传动机构

采用旋转传动机构的目的是将电动机的驱动源输出的较高转速转换成较低转速,并获得较大的力矩。机器人中应用较多的旋转传动机构有齿轮链、同步带和谐波齿轮。

1）齿轮链

齿轮链是由两个或两个以上的齿轮组成的传动机构。它不但可以传递运动角位移和角速度,而且可以传递力和力矩。

2）同步带

同步带是具有许多型齿的皮带,它与同样具有型齿的同步皮带轮相啮合,工作时相当于柔软的齿轮。

优点:无滑动,柔性好,价格便宜,重复定位精度高。

缺点:具有一定的弹性变形。

机器人的核心技术是运动控制技术,目前工业机器人采用的电气驱动主要有步进电动机和伺服电动机两类。

4．步进电动机系统

步进电动机是一种将电脉冲信号转变为角位移或线位移的开环控制精密驱动元件,分为反应式步进电动机、永磁式步进电动机和混合式步进电动机 3 种,其中混合式步进电动机的应用最为广泛,是一种精度高、控制简单、成本低廉的驱动方案,如图 4-29 所示。

图 4-29　步进电动机与步进驱动器

5．伺服电动机系统

在自动控制系统中伺服电动机作为执行元件,把所收到的电信号转换成电动机轴上的角位移或角速度输出,可分为直流和交流伺服电动机两大类,如图 4-30 所示。

特点:当信号电压为零时无自转现象,转速随着转矩的增加而匀速下降。

优点:①无电刷和换向器,工作可靠,对维护和保养要求低;②定子绕组散热比较方便;③惯量小,易于提高系统的快速性;④适用于高速大力矩工作状态;⑤同功率下有较小的体积和质量。

为实现伺服电动机的控制,可以使用多种不同类型的传感器,包括编码器、旋转变压器、电位器和转速计等。如果采用了位置传感器,如电位计和编码器等,对输出信号进行微分就可以得到速度信号,如图 4-31 所示。

伺服电动机是指带有反馈的直流电动机、交流电动机、无刷电动机或步进电动机。它们

图 4-30   伺服电动机与伺服驱动器

通过控制期望的转速和相应的期望转矩运动到期望的转角。为此,反馈装置向伺服电动机控制器电路发送信号,提供电动机的角度和速度信号。如果负载增大,转速就会比期望的转速低,电流就会增大至转速达到的期望值为止。如果信号显示速度比期望值高,那么电流就会相应减小。如果还使用了位置反馈,那么位置信号用于在转子达到期望值的角位置时关闭电动机,如图 4-31 所示。

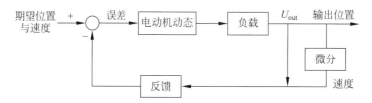

图 4-31   伺服电动机控制器的控制原理框图

步进电动机作为一种开环控制的系统,和现代数字控制技术有着本质的联系。在目前国内的数字控制系统中,步进电动机的应用十分广泛。随着全数字式交流伺服系统的出现,交流伺服电动机也越来越多地应用于数字控制系统中。为了适应数字控制的发展趋势,运动控制系统中大多采用步进电动机或全数字式交流伺服电动机作为执行电动机。虽然两者在控制方式上相似(脉冲串和方向信号),但在使用性能和应用场合上存在着较大的差异。现就二者的使用性能做比较。

1)控制精度不同

两相混合式步进电动机步距角一般为 $1.8°$、$0.9°$,五相混合式步进电动机步距角一般为 $0.72°$、$0.36°$。也有一些高性能的步进电动机通过细分后步距角更小,如山洋公司(SANYODENKI)生产的二相混合式步进电动机其步距角可通过拨码开关设置为 $1.8°$、$0.9°$、$0.72°$、$0.36°$、$0.18°$、$0.09°$、$0.072°$、$0.036°$,兼容了两相和五相混合式步进电动机的步距角。

交流伺服电动机的控制精度由电动机轴后端的旋转编码器保证。以山洋全数字式交流伺服电动机为例,对于带标准 2000 线编码器的电动机而言,由于驱动器内部采用了四倍频技术,其脉冲当量为 $360°/8000=0.045°$。对于带 17 位编码器的电动机而言,驱动器每接收 131072 个脉冲电动机转一圈,即其脉冲当量为 $360°/131072=0.0027466°$,是步距角为 $1.8°$ 的步进电动机的脉冲当量的 $1/655$。

2)低频特性不同

步进电动机在低速时易出现低频振动现象。振动频率与负载情况和驱动器性能有关,一般认为振动频率为电动机空载起跳频率的 1/2。这种由步进电动机的工作原理所决定的低频振动现象对于机器的正常运转非常不利。当步进电动机工作在低速时,一般应采用阻尼技术来克服低频振动现象,比如在电动机上加阻尼器,或驱动器上采用细分技术等。

交流伺服电动机运转非常平稳,即使在低速时也不会出现振动现象。交流伺服系统具有共振抑制功能,可涵盖机械的刚性不足,并且系统内部具有频率解析机能(FFT),可检测出机械的共振点,便于系统调整。

3) 矩频特性不同

步进电动机的输出力矩随转速升高而下降,且在较高转速时会急剧下降,所以其最高工作转速一般为 $300\sim600$r/min。交流伺服电动机为恒力矩输出,即在其额定转速(一般为 2000r/min 或 3000r/min)以内,都能输出额定转矩,在额定转速以上为恒功率输出。

4) 过载能力不同

步进电动机一般不具有过载能力。交流伺服电动机具有较强的过载能力。以山洋交流伺服系统为例,它具有速度过载和转矩过载能力,其最大转矩为额定转矩的 $2\sim3$ 倍,可用于克服惯性负载在启动瞬间的惯性力矩。步进电动机因为没有这种过载能力,在选型时为了克服这种惯性力矩,往往需要选取较大转矩的电动机,而机器在正常工作期间又不需要那么大的转矩,便出现了力矩浪费的现象。

5) 运行性能不同

步进电动机的控制为开环控制,启动频率过高或负载过大易出现丢步或堵转的现象,停止时转速过高易出现过冲的现象。所以为保证其控制精度,应处理好升、降速问题。交流伺服驱动系统为闭环控制,驱动器可直接对电机编码器反馈信号进行采样,内部构成位置环和速度环,一般不会出现步进电动机的丢步或过冲的现象,控制性能更为可靠。

6) 速度响应性能不同

步进电动机从静止加速到工作转速(一般为每分钟几百转)需要 $200\sim400$ms。交流伺服系统的加速性能较好,以松下 MSMA400W 交流伺服电动机为例,从静止加速到其额定转速 3000r/min 仅需几毫秒,可用于要求快速启停的控制场合。

综上所述,交流伺服系统在许多性能方面都优于步进电动机,但在一些要求不高的场合也经常用步进电动机作为执行电动机。所以,在控制系统的设计过程中要综合考虑控制要求、成本等多方面的因素,选用适当的控制电动机。

4.4 减速结构

减速机是一种由封闭在刚性壳体内的齿轮传动、蜗杆传动、齿轮-蜗杆传动所组成的独立部件,常用作原动件与工作机之间的减速传动装置,在原动机和工作机或执行机构之间起匹配转速和传递转矩的作用,在现代机械中应用极为广泛。

减速机一般用于低转速大扭矩的传动设备,把电动机、内燃机或其他高速运转的动力通过减速机的输入轴上的齿数少的齿轮啮合输出轴上的大齿轮来达到减速的目的,普通的减速机也会有几对相同原理齿轮达到理想的减速效果,大小齿轮的齿数之比,就是传动比。

在工业机器人中,减速机是三大重要构件之一,成本可占到机器人总成本的 1/3。由于工业机器人对减速机的要求很高,在选择精密减速机时要从扭转刚度、启动转矩、传动精度、传动误差、传动效率等方面来选择,目前能满足工业机器人减速机要求的只有精密谐波减速机、精密行星减速机、精密 RV 减速机 3 种。

1. RV 减速机

RV 减速机是在摆线针轮传动基础上发展起来的,具有二级减速和中心圆盘支承结构。自 1986 年投入市场以来,因其传动比大、传动效率高、运动精度高、回差小、低振动、刚性大和高可靠性等优点而成为机器人的"御用"减速机。

2. 谐波减速机

谐波减速机由 3 部分组成:谐波发生器、柔性轮和刚轮,其工作原理是由谐波发生器使柔性轮产生可控的弹性变形,靠柔性轮与刚轮啮合来传递动力,并达到减速的目的;按照波发生器的不同有凸轮式、滚轮式和偏心盘式。

3. 行星减速机

顾名思义,行星减速机就是有 3 个行星轮围绕一个太阳轮旋转的减速机。行星减速机体积小、质量轻,承载能力高,使用寿命长,运转平稳,噪声低,具有功率分流、多齿啮合独用的特性,是一种用途广泛的工业产品。其性能可与其他军品级行星减速机产品相媲美,却有着工业级产品的价格,被应用于广泛的工业场合。

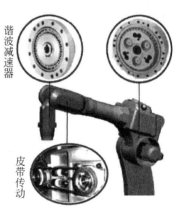

目前新松工业机器人广泛采用的机械传动单元是减速器,应用在关节型机器人上的减速器主要有两类:RV 减速器和谐波减速器。一般将 RV 减速器放置在基座、腰部、大臂等重负载的位置(主要用于 20kg 以上的机器人关节);将谐波减速器放置在小臂、腕部或手部等轻负载的位置(主要用于 20kg 以下的机器人关节)。此外,机器人还采用齿轮传动、链条(带)传动、直线运动单元等,如图 4-32 所示。

图 4-32　机器人关节传动单元

4.4.1　RV 减速器

RV 减速器主要由太阳轮中心轮、行星轮、转臂(曲柄轴)、转臂轴承、摆线轮(RV 齿轮)、针齿、刚性盘与输出盘等零部件组成,具有较高的疲劳强度和刚度以及较长的寿命,回差精度稳定,高精度机器人传动多采用 RV 减速器,如图 4-33 所示。

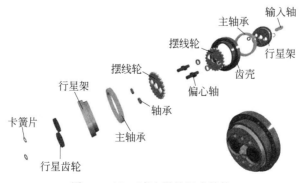

图 4-33　RV 减速器的组成结构

RV减速器是蜗轮蜗杆减速机家族中比较常见的减速器之一,它是由蜗杆和蜗轮组成的,结构紧凑,传动比大,在一定条件下具有自锁功能,是最常用的减速器之一,而且振动小,噪声低,能耗低。

由于RV减速器具有更高的刚度和回转精度,RV减速器是应用于机器人领域的两种主要减速器之一。在关节型机器人中一般将RV减速器放置在基座、大臂和三轴等负载重的位置。通过J2轴RV减速器的安装,提供符合RV减速器装配流程的安装过程。

4.4.2　谐波减速器

谐波减速器是应用于机器人领域的两种主要减速器之一。在关节型机器人中一般将谐波减速器放置在前臂、腕部和手部。

谐波减速器通常由3个基本构件组成,包括一个有内齿的刚轮,一个工作时可产生径向弹性变形并带有外齿的柔轮和一个装在柔轮内部、呈椭圆形、外圈带有柔性滚动轴承的谐波发生器,在这3个基本结构中可任意固定一个,其余一个为主动件,一个为从动件,如图4-34所示。

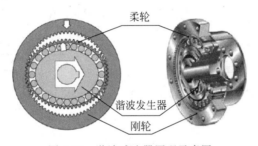

图4-34　谐波减速器原理示意图

以J4轴谐波减速器安装为例,下面提供符合谐波减速器装配流程的安装过程,如图4-35所示。

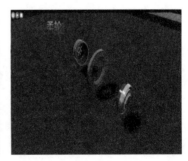

图4-35　谐波减速器安装示意图

目前工业机器人的旋转关节有60%～70%都使用谐波齿轮传动。谐波齿轮传动由刚性齿轮、谐波发生器和柔性齿轮3个主要零件组成,如图4-36所示。工作时,刚性齿轮6固定安装,各齿均布于圆周上,具有外齿圈2的柔性齿轮5沿刚性齿轮的内齿圈3转动。柔性齿轮比刚性齿轮少两个齿,所以柔性齿轮沿刚性齿轮每转一圈就反向转过两个齿的相应转角。谐波发生器4具有椭圆形轮廓,装在其上的滚珠用于支承柔性齿轮,谐波发生器驱动柔性齿轮旋转并使之发生塑性变形。转动时,柔性齿轮的椭圆形端部只有少数齿与刚性齿轮啮合,只有这样,柔性齿轮才能相对于刚性齿轮自由地转过一定的角度。通常刚性齿轮固定,谐波发生器作为输入端,柔性齿轮与输出轴相连。

谐波齿轮传动比计算公式为

$$i = 1 - \frac{Z_1}{Z_2} \tag{4.1}$$

式中,Z_1 为柔性齿轮的齿数;Z_2 为刚性齿轮的齿数。假设刚性齿轮有 100 个齿,柔性齿轮比它少两个齿,则当谐波发生器转 50 圈时,柔性齿轮转 1 圈,这样只占用很小的空间就可以得到 1∶50 的减速比。通常将谐波发生器装在输入轴,把柔性齿轮装在输出轴,以获得较大的齿轮减速比,如图 4-36 所示。

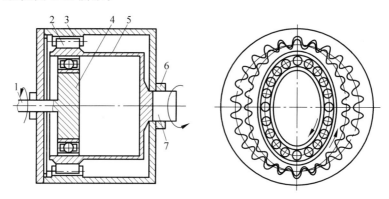

1—输入轴;2—柔性外齿圈;3—刚性内齿圈;4—谐波发生器;5—柔性齿轮;6—刚性齿轮;7—输出轴

图 4-36　谐波齿轮传动

第5章

机器人控制及轨迹规划

机器人控制系统是机器人的大脑,是决定机器人功能和性能的主要因素。工业机器人控制技术的主要任务就是控制工业机器人在工作空间中的运动位置、姿态和轨迹、操作顺序及动作的时间等,具有编程简单、软件菜单操作、友好的人机交互界面、在线操作提示和使用方便等特点。工业机器人的控制系统可分为两大部分:一部分是对其自身运动的控制;另一部分是工业机器人与周边设备的协调控制。

在机器人完成指定任务时,需要规划机器人在空间中的期望运动轨迹或路径。路径和轨迹是两个相似但含义不同的概念,机器人运动的路径描述机器人的位姿随空间的变化,而机器人运动的轨迹描述机器人的位姿随时间的变化。所谓轨迹,是指机器人每个自由度的位置、速度和加速度的时间历程。本章将介绍移动机器人路径规划和机械臂的轨迹规划问题,同时将机器人传感器做一介绍。

5.1 机器人的基本控制特点和功能

5.1.1 机器人控制关键技术

1. 开放性模块化的控制系统体系结构

采用分布式 CPU 计算机结构,分为机器人控制器(RC)、运动控制器(MC)、光电隔离 I/O 控制板、传感器处理板和编程示教盒等。机器人控制器(RC)和编程示教盒通过串口/CAN 总线进行通信。机器人控制器(RC)的主计算机完成机器人的运动规划、插补和位置伺服以及主控逻辑、数字 I/O、传感器处理等功能,而编程示教盒完成信息的显示和按键的输入。

2. 模块化层次化的控制器软件系统

软件系统建立在基于开源的实时多任务操作系统 Linux 上,采用分层和模块化结构设计,以实现软件系统的开放性。整个控制器软件系统分为 3 个层次:硬件驱动层、核心层和应用层。3 个层次分别面对不同的功能需求,对应不同层次的开发,系统中各个层次内部由若干功能相对对立的模块组成,这些功能模块相互协作,共同实现该层次所提供的功能。

3．机器人的故障诊断与安全维护技术

通过各种信息,对机器人故障进行诊断,并进行相应维护,是保证机器人安全性的关键。

4．网络化机器人控制器技术

目前机器人的应用工程由单台机器人工作站向机器人生产线发展,机器人控制器的联网技术变得越来越重要。控制器上具有串口、现场总线及以太网的联网功能,可用于机器人控制器之间和机器人控制器同上位机的通信,便于对机器人生产线进行监控、诊断和管理。

5.1.2 机器人基本控制特点

从控制观点看,机器人系统代表冗余的、多变量和本质上非线性的控制系统,同时又是复杂的耦合动态系统,每个控制任务本身就是一个动力学任务。

1．控制器分类

机器人控制器具有多种结构形式,包括非伺服控制、伺服控制、位置和速度反馈控制、力(力矩)控制、基于传感器的控制、非线性控制、分解加速度控制、滑模控制、最优控制、自适应控制、递阶控制以及各种智能控制等。

2．主控变量及控制层次

图 5-1 表示一台机器人的各关节控制变量。图 5-2 所示为机器人的控制层次。第一级为人工智能级;第二级为控制模式级;第三级为伺服系统级。

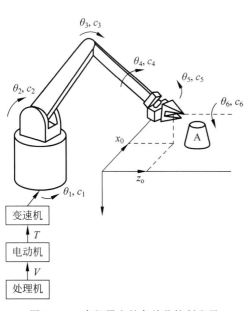

图 5-1　一台机器人的各关节控制变量

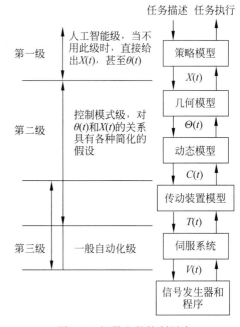

图 5-2　机器人的控制层次

3．机器人控制系统的特点

机器人的结构多为空间开链机构,其各个关节的运动是独立的,为了实现末端点的运动轨迹,需要多关节的运动协调。因此,其控制系统与普通的控制系统相比要复杂得多。

(1) 机器人的控制与机构运动学及动力学密切相关。机器人手足的状态可以在各种坐标下进行描述,应当根据需要选择不同的参考坐标系,并做适当的坐标变换。经常要求正向运动学和反向运动学的解,除此之外还要考虑惯性力、外力(包括重力)、哥氏力及向心力的影响。

(2) 一个简单的机器人至少要有 3~5 个自由度,比较复杂的机器人有十几个甚至几十个自由度。每个自由度一般包含一个伺服机构,它们必须协调起来,组成一个多变量控制系统。

(3) 把多个独立的伺服系统有机地协调起来,使其按照人的意志行动,甚至赋予机器人一定的"智能",这个任务只能由计算机来完成。因此,机器人控制系统必须是一个计算机控制系统。同时,计算机软件担负着艰巨的任务。

(4) 描述机器人状态和运动的数学模型是一个非线性模型,随着状态的不同和外力的变化,其参数也在变化,各变量之间还存在耦合。因此,仅仅利用位置闭环是不够的,还要利用速度甚至加速度闭环。系统中经常使用重力补偿、前馈、解耦或自适应控制等方法。

(5) 机器人的动作往往可以通过不同的方式和路径来完成,因此存在一个"最优"的问题。较高级的机器人可以用人工智能的方法,用计算机建立起庞大的信息库,借助信息库进行控制、决策、管理和操作,根据传感器和模式识别的方法获得对象及环境的工况,按照给定的指标要求,自动选择最佳的控制规律。

总而言之,机器人控制系统是一个与运动学和动力学原理密切相关的、有耦合的、非线性的多变量控制系统。由于它的特殊性,经典控制理论和现代控制理论都不能照搬使用。

因此到目前为止,机器人控制理论还不完整、不系统。相信随着机器人技术的发展,机器人控制理论必将日趋成熟。

5.1.3 机器人控制系统的功能

机器人控制器作为工业机器人较为核心的零部件之一,对机器人的性能起着决定性的影响,在一定程度上影响着机器人的发展。其一般由三部分组成:输入、控制元件和控制算法。在一个简易的机器人系统中,其对应的元件分别是:

(1) 输入:传感器,包含声呐、红外、摄像头、陀螺仪、加速度计、罗盘等。

(2) 控制元件:一般是电动机。

(3) 控制算法:控制板,从小到单片机,大到微机来实现。

1. 机器人控制系统的定义

机器人控制系统的功能是接收来自传感器的检测信号,根据操作任务的要求,驱动机械臂中的各个电动机。就像人的活动需要依赖自身的关节一样,机器人的运动控制离不开传感器。机器人需要用传感器来检测各种状态,机器人的内部传感器信号用于反映机械臂关节的实际运动状态,机器人的外部传感器信号用于检测工作环境的变化,所以机器人的神经与大脑组合起来才能成为一个完整的机器人控制系统。

2. 机器人运动控制系统四大构成

执行机构:伺服电动机或步进电动机;

驱动机构:伺服或者步进驱动器;

控制机构：运动控制器，进行路径和电动机联动的算法运算控制；

控制方式：有固定执行动作方式的，就编好固定参数的程序给运动控制器；如果有视觉系统或者其他传感器的，根据传感器信号，就编好不固定参数的程序给运动控制器。

3．工业机器人控制系统介绍

1）工业机器人控制系统硬件结构

控制器是机器人系统的核心，国外有关公司对我国实行严密技术封锁，国内技术发展受到限制。近年来随着微电子技术的发展，微处理器的性能越来越高，但价格则越来越便宜，目前市场上已经出现了单价为 1～2 美元的 32 位微处理器。

高性价比的微处理器为机器人控制器带来了新的发展机遇，使开发低成本、高性能的机器人控制器成为可能。为了保证系统具有足够的计算与存储能力，目前机器人控制器多采用计算能力较强的 ARM 系列、DSP 系列、POWER PC 系列、Intel 系列等芯片。

2）工业机器人控制系统体系结构

在控制器体系结构方面，其研究重点是功能划分和功能之间信息交换的规范。在开放式控制器体系结构研究方面，有两种基本结构，一种是基于硬件层次划分的结构，该类型结构比较简单，在日本，体系结构以硬件为基础来划分，如三菱重工株式会社将其生产的PA210 可携带式通用智能臂式机器人的结构划分为五层结构；另一种是基于功能划分的结构，它将软、硬件一同考虑，其是机器人控制器体系结构研究和发展的方向。

4．机器人控制系统的基本功能

（1）记忆功能：存储作业顺序、运动路径、运动方式、运动速度和与生产工艺有关的信息。

（2）示教功能：离线编程，在线示教，间接示教。在线示教包括示教盒和导引示教两种。

（3）与外围设备联系功能：输入和输出接口、通信接口、网络接口、同步接口。

（4）坐标设置功能：有关节、绝对、工具、用户自定义 4 种坐标系。

（5）人机接口：示教盒、操作面板、显示屏。

（6）传感器接口：位置检测、视觉、触觉、力觉等。

（7）位置伺服功能：机器人多轴联动、运动控制、速度和加速度控制、动态补偿等。

（8）故障诊断安全保护功能：运行时系统状态监视、故障状态下的安全保护和故障自诊断。

1）示教再现功能

示教再现功能是指控制系统可以通过示教盒或手把手进行示教，将动作顺序、运动速度、位置等信息用一定的方法预先教给工业机器人，由工业机器人的记忆装置将所教的操作过程自动地记录在存储器中，当需要再现操作时，重放存储器中存储的内容即可。如需更改操作内容时，只需重新示教一遍。

2）运动控制功能

机器人的运动控制是指机器人的末端操作器从一点移动到另一点的过程中，对其位置、速度和加速度的控制。由于工业机器人末端操作器的位置和姿态是由各关节的运动引起的，因此，对其运动控制实际上是通过控制关节运动实现的。

工业机器人关节运动控制一般可分为两步进行：第一步是关节运动伺服指令的生成，

即指将末端操作器在工作空间的位置和姿态的运动转化为由关节变量表示的时间序列或表示为关节变量随时间变化的函数,这一步一般可离线完成;第二步是关节运动的伺服控制,即跟踪执行第一步所生成的关节变量伺服指令,这一步是在线完成的。

3）示教再现控制

示教方式中经常会遇到一些数据的编辑问题,其编辑机能有如图 5-3 所示的几种方法。

在图 5-3 中,要连接 A 与 B 两点时,可以这样做:如图 5-3(a)所示为直接连接;如图 5-3(b)所示为先在 A 与 B 之间指定一点 x,然后用圆弧连接;如图 5-3(c)所示为用指定半径的圆弧连接;如图 5-3(d)所示为用平行移动的方式连接。

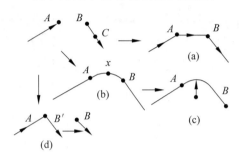

图 5-3　示教数据的编辑机能

在 CP(连续轨迹控制方式)控制的示教中,由于 CP 控制的示教是多轴同时动作,因此与点位控制不同,它几乎必须在点与点之间的连线上移动,故有如图 5-4 所示的两种方法。图 5-4(a)是在指定的点之间用直线连接进行示教;图 5-4(b)是按指定的时间对每一个间隔点的位置进行示教。

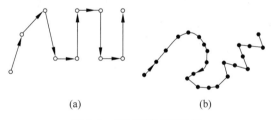

图 5-4　CP 控制示教举例

（1）记忆的方式。

工业机器人的记忆方式随着示教方式的不同而不同。又由于记忆内容的不同,故其所用的记忆装置也不完全相同。通常,工业机器人操作过程的复杂程序取决于记忆装置的容量。容量越大,其记忆的点数就越多,操作的动作就越多,工作任务就越复杂。现在,计算机技术的发展使得半导体记忆装置出现,尤其是集成化程度高、容量大、高度可靠的随机存取存储器(RAM)和可编程只读存储器(EPROM)等半导体的出现,使工业机器人的记忆容量大大增加,特别适合于复杂程度高的操作过程的记忆,并且其记忆容量可达无限。

（2）示教编程方式。

示教盒示教编程方式是人工利用示教盒上所具有的各种功能的按钮来驱动工业机器人的各关节轴,按作业所需要的顺序单轴运动或多关节协调运动,从而完成位置和功能的示教编程。

示教盒通常是一个带有微处理器的、可随意移动的小键盘,内部 ROM 中固化有键盘扫描和分析程序,其功能键一般具有回零、示教方式、自动方式和参数方式等。

示教编程控制由于其编程方便、装置简单等优点,在工业机器人的初期得到较多的应用。同时,又由于其编程精度不高、程序修改困难、示教人员要熟练运用等缺点的限制,促使人们又开发了许多新的控制方式和装置,以使工业机器人能更好更快地完成作业任务。

5.2 机器人的控制方式

目前市场上使用最多的机器人当数工业机器人,也是最成熟完善的一种机器人。而工业机器人能得到广泛应用,得益于它拥有多种控制方式,按作业任务的不同,可主要分为点位控制方式、连续轨迹控制方式、力(力矩)控制方式和智能控制方式 4 种。

1. 点位控制方式

这种控制方式只对工业机器人末端执行器在作业空间中某些规定的离散点上的位姿进行控制。在控制时,只要求工业机器人能够快速、准确地在相邻各点之间运动,对达到目标点的运动轨迹则不作任何规定。定位精度和运动所需的时间是这种控制方式的两个主要技术指标。这种控制方式具有实现容易、定位精度要求不高的特点,因此,常被应用在上下料、搬运、点焊和在电路板上安插元件等只要求目标点处保持末端执行器位姿准确的作业中。这种方式比较简单,但是要达到 $2\sim3\mu m$ 的定位精度是相当困难的。

2. 连续轨迹控制方式

这种控制方式是对工业机器人末端执行器在作业空间中的位姿进行连续的控制,要求其严格按照预定的轨迹和速度在一定的精度范围内运动,而且速度可控,轨迹光滑,运动平稳,以完成作业任务。工业机器人各关节连续、同步地进行相应的运动,其末端执行器即可形成连续的轨迹。这种控制方式的主要技术指标是工业机器人末端执行器位姿的轨迹跟踪精度及平稳性,通常弧焊、喷漆、去毛边和检测作业机器人都采用这种控制方式。

3. 力(力矩)控制方式

在进行装配、抓放物体等工作时,除了要求准确定位,还要求所使用的力或力矩必须合适,这时必须要使用力(力矩)伺服方式。这种控制方式的原理与位置伺服控制原理基本相同,只不过输入量和反馈量不是位置信号,而是力(力矩)信号,所以该系统中必须有力(力矩)传感器。有时也利用接近、滑动等传感功能进行自适应式控制。

4. 智能控制方式

机器人的智能控制是通过传感器获得周围环境的知识,并根据自身内部的知识库做出相应的决策。采用智能控制技术,使机器人具有较强的环境适应性及自学习能力。智能控制技术的发展有赖于近年来人工神经网络、基因算法、遗传算法、专家系统等人工智能的迅速发展。也由于这种控制方式模式,工业机器人才真正有点"人工智能"的落地味道,不过也是最难控制得好的,除了算法外,其也严重依赖于元件的精度。

从控制本质来看,目前工业机器人大多数情况下还是处于比较底层的空间定位控制阶段,没有太多智能含量,可以说只是一个相对灵活的机械臂,离"人"还有很长一段距离的。

1. 点位运动(Point to Point,PTP)

PTP 运动只关心机器人末端执行器运动的起点和目标点位姿,不关心这两点之间的运动轨迹,如图 5-5(a)所示。

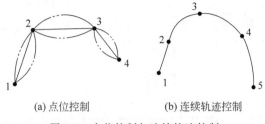

(a) 点位控制 　　　　　　 (b) 连续轨迹控制

图 5-5 点位控制与连续轨迹控制

2. 连续路径运动(Continuous Path,CP)

CP 运动不仅关心机器人末端执行器达到目标点的精度,而且必须保证机器人能沿所期望的轨迹在一定精度范围内重复运动,如图 5-5(b)所示。

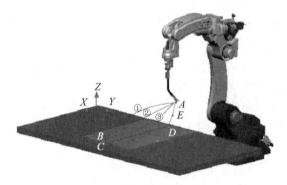

图 5-6 工业机器人 PTP 运动和 CP 运动

机器人 CP 运动的实现是以点到点运动为基础,通过在相邻两点之间采用满足精度要求的直线或圆弧轨迹插补运算即可实现轨迹的连续化,如图 5-6 所示。机器人再现时主控制器(上位机)从存储器中逐点取出各示教点空间位姿坐标值,通过对其进行直线或圆弧或插补运算,生成相应路径规划,然后把各插补点的位姿坐标值通过运动学逆解运算转换成关节角度值,分送机器人各关节或关节控制器(下位机)。

5.3 机器人轨迹规划

轨迹规划是用来生成关节空间或直角空间的轨迹,以保证机器人实现预定的作业。机器人的运动轨迹最简单的形式是点到点的自由移动,这种情况只要求满足两边界点约束条件,再无其他约束。运动轨迹的另一种形式是依赖于连续轨迹的运动,这类运动不仅受到路径约束,而且还受到运动学和动力学的约束。轨迹规划器的框图如图 5-7 所示。轨迹规划器接收路径设定和约束条件的输入变量,输出起点和终点之间按时间排列的中间形态(位姿、速度、加速度)序列,它们可用关节坐标或直角坐标表示。

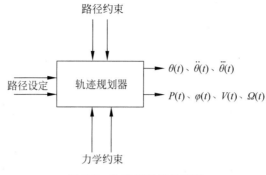

图 5-7   轨迹规划器的框图

5.3.1   轨迹规划基本原理

确定机器人的手部或关节在起点和终点之间所走过的路径、在各路径点的速度、加速度,这项工作称为轨迹规划。

机器人的轨迹指操作臂在运动过程中的位移、速度和加速度。路径是机器人位姿的一定序列,而不考虑机器人位姿参数随时间变化的因素。如图 5-8 所示,如果有关机器人从 A 点运动到 B 点,再到 C 点,那么中间位姿序列就构成了一条路径。而轨迹则与何时到达路径中的每部分有关,强调的是时间。因此,如图 5-9 所示,不论机器人何时到达 B 点和 C 点,其路径是一样的;而轨迹则依赖于速度和加速度,如果机器人抵达 B 点和 C 点的时间不同,则相应的轨迹也不同。我们的研究不仅要涉及机器人的运动路径,还要关注其速度和加速度。

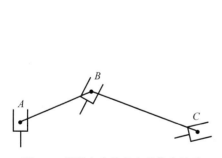

图 5-8   机器人在路径上的依次运动

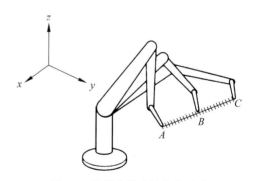

图 5-9   机器人沿直线依次运动

为了使机器人完成规定的任务,让机器人末端执行器从起始位姿达到终点位姿,需要规定运动路径、中间点的速度及加速度。

1. 轨迹规划分类

通常,轨迹规划分为关节空间轨迹规划和直角坐标空间轨迹规划两种。关节空间轨迹规划是对各关节的运动进行规划;直角坐标空间轨迹规划是对末端手的位姿轨迹进行规划。

2. 轨迹规划与运动学的关系

直角坐标空间的轨迹规划要依靠逆运动学不断将直角坐标转换为关节角度,此关节角度即是该关节控制系统的期望值。轨迹规划过程中不断应用逆运动学,把手部的直角坐标转化为关节坐标。

轨迹规划是指根据作业任务要求确定轨迹参数并实时计算和生成运动轨迹。轨迹规划的一般问题有以下 3 个:

(1) 对机器人的任务进行描述,即运动轨迹的描述。

(2) 根据已经确定的轨迹参数,在计算机上模拟所要求的轨迹。

(3) 对轨迹进行实际计算,即在运行时间内按一定的速率计算出位置、速度和加速度,从而生成运动轨迹。

在规划中,不仅要规定机器人的起始点和终止点,而且要给出中间点(路径点)的位姿及路径点之间的时间分配,即给出两个路径点之间的运动时间。

轨迹规划既可在关节空间中进行,即将所有的关节变量表示为时间的函数,用其一阶、二阶导数描述机器人的预期动作,也可在直角坐标空间中进行,即将手部位姿参数表示为空间的函数,而相应的关节位置、速度和加速度由手部信息导出。

5.3.2　关节空间的轨迹规划

关节空间法首先在直角坐标空间(工具空间)中确定将期望的路径点,用逆运动学计算将路径点转换成关节向量角度值,然后对每个关节拟合一个光滑函数,从初始点依次通过所有路径点到达目标点,并使每一路径的各个关节运动时间均相同。关节轨迹同时要满足一组约束条件,如位姿、速度、加速度与连续性等。在满足约束条件下,可选取不同类型的关节插值函数。这种方法确定的轨迹在直角坐标空间(工具空间)中可以保证经过路径点,但是在路径点之间的轨迹形状则可能很复杂。这种规划轨迹方法计算比较简单,各个关节函数之间相互独立,且不会发生机构的奇异性问题。在关节空间常用的规划方法有三次多项式函数插值法、高阶多项式插值法以及抛物线连接的线性函数插值法等。

5.3.3　直角坐标空间的轨迹规划

所有用于关节空间的轨迹规划方法都可以用于直角坐标空间轨迹规划。直角坐标轨迹规划必须不断进行逆运动学运算,以便及时得到关节角。这个过程可以归纳为以下计算循环:

(1) 时间增加一个增量。

(2) 利用所选择的轨迹函数计算出手的位姿。

(3) 利用逆运动学方程计算相应的关节变量。

(4) 将关节变量信息送给控制器。

(5) 返回到循环的开始。

直角坐标空间轨迹规划,不考虑加速段、减速段的情况,以及等加速、等减速情况,如图 5-10 和图 5-11 所示。

以二连杆机器人为例介绍直角坐标轨迹规划的过程,由 A 到 B 点,走一条直线。已知 A、B 点的直角坐标,要求确定中间点的坐标,求出直线方程。按某种方法求出中间点 2、3、4、5 的直角坐标,如按等长法插补。用逆运动方程计算各直角坐标点对应的关节角,如图 5-12 和图 5-13 所示。

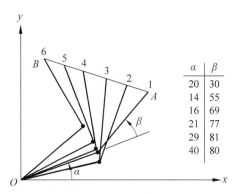

α	β
20	30
14	55
16	69
21	77
29	81
40	80

图 5-10　二自由度机器人的直角坐标空间运动

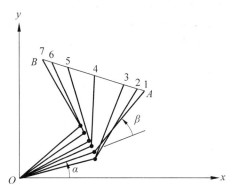

图 5-11　具有加速和减速段的轨迹规划

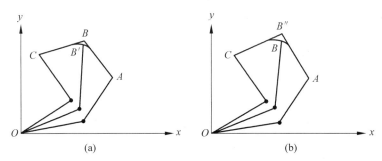

(a)　　　　　　　(b)

图 5-12　路径上不同运动段的平滑过渡

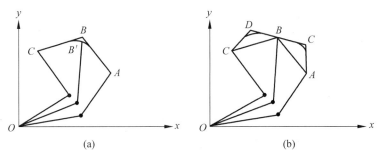

(a)　　　　　　　(b)

图 5-13　保证机器人运动通过中间点规定点的替代方案

5.4　机械臂路径规划

5.4.1　三次多项式插值

1. 三次多项式插值

在操作臂运动的过程中，由于相应于起始点的关节角度 θ_0 是已知的，而终止点的关节

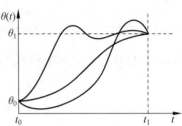

角 θ_f 可以通过运动学反解得到，因此，运动轨迹的描述可用起始点关节角与终止点关节角度的一个平滑插值函数 $\theta(t)$ 来表示。$\theta(t)$ 在 $t_0=0$ 时刻的值是起始关节角度 θ_0，终端时刻 t_f 的值是终止关节角度 θ_f。显然，有许多平滑函数可作为关节插值函数，如图 5-14 所示。

为实现单个关节的平稳运动，轨迹函数 $\theta(t)$ 至少需要满足 4 个约束条件，即两端点位置约束和两端点速度约束。

图 5-14　单个关节的不同轨迹曲线

端点位置约束是指起始位姿和终止位姿分别所对应的关节角度。$\theta(t)$ 在时刻 $t_0=0$ 时的值是起始关节角度 θ_0，在终端时刻 t_f 时的值是终止关节角度 θ_f，即

$$\begin{cases} \theta(0) = \theta_0 \\ \theta(t_f) = \theta_f \end{cases} \tag{5.1}$$

为满足关节运动速度的连续性要求，还有两个约束条件，即在起始点和终止点的关节速度要求。在当前情况下，可简单地设定为 0，即

$$\begin{cases} \dot{\theta}(0) = 0 \\ \dot{\theta}(t_f) = 0 \end{cases} \tag{5.2}$$

上面给出的 4 个约束条件可以唯一地确定一个三次多项式：

$$\theta(t) = a_0 + a_1 t + a_2 t^2 + a_3 t^3 \tag{5.3}$$

运动过程中的关节速度和加速度则为

$$\begin{cases} \dot{\theta}(t) = a_1 + 2a_2 t + 3a_3 t^2 \\ \ddot{\theta}(t) = 2a_2 + 6a_3 t \end{cases} \tag{5.4}$$

为求得三次多项式的系数 a_0、a_1、a_2 和 a_3，代以给定的约束条件，有方程组

$$\begin{cases} \theta_0 = a_0 \\ \theta_f = a_0 + a_1 t_f + a_2 t_f^2 + a_3 t_f^3 \\ 0 = a_1 \\ 0 = a_1 + 2a_2 t_f + 3a_3 t_f^2 \end{cases} \tag{5.5}$$

求解该方程组，可得

$$\begin{cases} a_0 = \theta_0 \\ a_1 = 0 \\ a_2 = \dfrac{3}{t_f^2}(\theta_f - \theta_0) \\ a_3 = -\dfrac{2}{t_f^3}(\theta_f - \theta_0) \end{cases} \tag{5.6}$$

对于起始速度及终止速度为 0 的关节运动,满足连续平稳运动要求的三次多项式插值函数为

$$\theta(t) = \theta_0 + \frac{3}{t_f^2}(\theta_f - \theta_0)t^2 - \frac{2}{t_f^3}(\theta_f - \theta_0)t^3 \tag{5.7}$$

由式(5.7)可得关节角速度和角加速度的表达式为

$$\begin{cases} \dot{\theta}(t) = \dfrac{6}{t_f^2}(\theta_f - \theta_0)t - \dfrac{6}{t_f^3}(\theta_f - \theta_0)t^2 \\ \ddot{\theta}(t) = \dfrac{6}{t_f^2}(\theta_f - \theta_0) - \dfrac{12}{t_f^3}(\theta_f - \theta_0) \end{cases} \tag{5.8}$$

三次多项式插值的关节运动轨迹曲线如图 5-15 所示。由图可知,其速度曲线为抛物线,相应的加速度曲线为直线。

需要注意,这组解只适用于关节起始、终止速度为 0 的运动情况。对于其他情况,后面另行讨论。

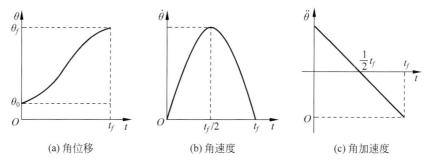

(a) 角位移　　　　　　　(b) 角速度　　　　　　　(c) 角加速度

图 5-15　三次多项式插值的关节运动轨迹

例 5-1　具有一个旋转关节的单连杆机器人,处于静止状态时,$\theta = 15°$。期望在 3s 内平滑地运动到终止位置,这时的关节角 $\theta = 75°$。求解出满足该运动的一个三次多项式的系数,并且使操作臂在终止位置为静止状态。

将题设条件代入式(5.6),可以得到

$$\begin{cases} a_0 = 15.0 \\ a_1 = 0.0 \\ a_2 = 20.0 \\ a_3 = -4.44 \end{cases}$$

根据式(5.7)和式(5.8),可以求得

$$\begin{cases} \theta(t)=15.0+20.0t^2-4.44t^3 \\ \dot{\theta}(t)=40.0t-13.33t^2 \\ \ddot{\theta}(t)=40.0-26.66t \end{cases}$$

可以看出,三次函数的速度曲线为抛物线,加速度曲线是直线,如图 5-15 所示。

例 5-2 要求一个六轴机器人的第一关节在 5s 内从初始角 $30°$ 运动到终止角 $75°$,且起始点和终止点速度均为 0。用三次多项式规划该关节的运动,并计算在第 1s、第 2s、第 3s 和第 4s 时关节的角度。

解:将约束条件代入下式

$$\begin{cases} a_0=\theta_0 \\ a_1=0 \\ a_2=\dfrac{3}{t_f^2}(\theta_f-\theta_0) \\ a_3=\dfrac{2}{t_f^3}(\theta_f-\theta_0) \end{cases}$$

可得

$$\begin{cases} a_0=30 \\ a_1=0 \\ a_2=5.4 \\ a_3=-0.72 \end{cases}$$

由此得关节角位置、角速度和角加速度方程分别为

$$\begin{cases} \theta(t)=30+5.4t^2-0.72t^3 \\ \dot{\theta}(t)=10.8t-2.16t^2 \\ \ddot{\theta}(t)=10.8+4.32t \end{cases}$$

$$\begin{cases} \theta(1)=34.68° \\ \theta(2)=45.84° \\ \theta(3)=59.16° \\ \theta(4)=70.32° \end{cases}$$

该关节的角位置、角速度和角加速度随时间变化的曲线如图 5-16 所示。可以看出,本例中所需要的初始角加速度为 $10.8°/s^2$,运动末端的角加速度为 $-10.8°/s^2$。

2. 过路径点的三次多项式插值

若所规划的机器人作业路径在多个点上有位姿要求,如图 5-17 所示,机器人作业除在 A、B 两点有位姿要求外,在路径点 C、D 也有位姿要求。对于这种情况,假如末端操作器在路径点停留,即各路径点上的速度为 0,则轨迹规划可连续直接使用前面介绍的三次多项式插值方法;但若末端操作器只是经过路径点而并不停留,就需要将前述方法推广开来。

对于机器人作业路径上的所有路径点,可以用求解逆运动学的方法先得到多组对应的关节空间路径点,进行轨迹规划时,把每个关节上相邻的两个路径点分别看作起始点和终止点,再确定相应的三次多项式插值函数,最后把路径点平滑连接起来。一般情况下,这些起

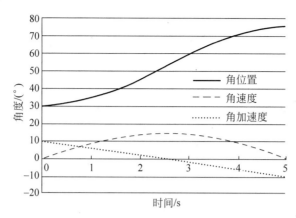

图 5-16 机器人关节的角位置、角速度、角加速度曲线

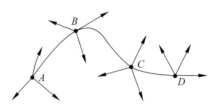

图 5-17 机器人作业路径点

始点和终止点的关节运动角速度不再为 0。

设路径点上的关节速度已知,在某段路径上,起始点关节角速度和角加速度分别为 θ_0 和 $\dot{\theta}_0$,终止点关节角速度和角加速度分别为 θ_f 和 $\dot{\theta}_f$,这时,确定三次多项式系数的方法与前所述完全一致,只是角速度约束条件变为

$$\begin{cases} \dot{\theta}(0) = \dot{\theta}_0 \\ \dot{\theta}(t_f) = \dot{\theta}_f \end{cases} \tag{5.9}$$

利用约束条件确定三次多项式系数,有方程组

$$\begin{cases} \theta_0 = a_0 \\ \theta_f = a_0 + a_1 t_f + a_2 t_f^2 + a_3 t_f^3 \\ \dot{\theta} = a_1 \\ \dot{\theta}_f = a_1 + 2a_2 t_f + 3a_3 t_f^2 \end{cases} \tag{5.10}$$

求解方程组中的 a_i 可得

$$\begin{cases} a_0 = \theta_0 \\ a_1 = \dot{\theta}_0 \\ a_2 = \dfrac{3}{t_f^2}(\theta_f - \theta_0) - \dfrac{2}{t_f}\dot{\theta}_0 - \dfrac{1}{t_f}\dot{\theta}_f \\ a_3 = \dfrac{2}{t_f^3}(\theta_f - \theta_0) - \dfrac{1}{t_f^2}(\dot{\theta}_0 + \dot{\theta}_f) \end{cases} \tag{5.11}$$

使用式(5.11)可求出符合任何起始和终止位置以及任何起始和终止速度的三次多项式,当路径点上的关节角速度为 0,即 $\dot{\theta}_0 = \dot{\theta}_f = 0$ 时,式(5.11)与式(5.6)完全相同,这就说

明由式(5.11)确定的三次多项式描述了起始点和终止点具有任意给定位置和速度约束条件的运动轨迹。

3. 五次多项式插值

除了指定运动段的起始点和终止点的位置和速度外,也可以指定该运动段的起始点和终止点加速度。这样,约束条件的数量就增加到 6 个,相应地可采用下面的五次多项式来规划轨迹运动,即

$$\theta(t) = a_0 + a_1 t + a_2 t^2 + a_3 t^3 + a_4 t^4 + a_5 t^5$$

其约束条件为

$$\begin{cases} \theta_0 = a_0 \\ \theta_f = a_0 + a_1 t_f + a_2 t_f^2 + a_3 t_f^3 + a_4 t_f^4 + a_5 t_f^5 \end{cases} \quad (5.12)$$

$$\begin{cases} \dot{\theta}_0 = a_1 \\ \dot{\theta}_f = a_1 + 2a_2 t_f + 3a_3 t_f^2 + 4a_4 t_f^3 + 5a_5 t_f^4 \end{cases} \quad (5.13)$$

$$\begin{cases} \ddot{\theta}_0 = 2a_2 \\ \ddot{\theta}_f = 2a_2 + 6a_3 t_f + 12a_4 t_f^2 + 20a_5 t_f^3 \end{cases} \quad (5.14)$$

这些约束条件确定了一个具有 6 个方程和 6 个未知数的线性方程组,其解为

$$\begin{cases} a_0 = \theta_0 \\ a_1 = \dot{\theta}_0 \\ a_2 = \dfrac{\ddot{\theta}}{2} \\ a_3 = \dfrac{20\theta_f - 20\theta_0 - (8\dot{\theta}_f + 12\dot{\theta}_0)t_f - (3\ddot{\theta}_0 - \ddot{\theta}_f)t_f^2}{2t_f^3} \\ a_4 = \dfrac{30\theta_0 - 30\theta_f + (14\dot{\theta}_f + 16\dot{\theta}_0)t_f + (3\ddot{\theta}_0 - 2\ddot{\theta}_f)t_f^2}{4t_f^2} \\ a_5 = \dfrac{12\theta_f - 12\theta_0 + (6\dot{\theta}_f + 6\dot{\theta}_0)t_f + (\ddot{\theta}_0 - \ddot{\theta}_f)t_f^2}{2t_f^5} \end{cases}$$

对于具有一个途径多个给定数据点的轨迹来说,可用多种算法来求解描述该轨迹的平滑函数(多项式或其他函数)。

例 5-3 要求一个六轴机器人的第一关节在 5s 内从初始角 30° 运动到终止角 75°,且起始点角加速度为 5°/s²,终止点角加速度为 −5°/s²,求机器人关节的角位置、角速度和角加速度。

解:由例 5-2 和给出的角加速度值得到

$$\theta_0 = 30°, \quad \dot{\theta}_0 = 0°/x^2, \quad \ddot{\theta}_0 = 5°/x^2$$

$$\theta_t = 75°, \quad \dot{\theta}_t = 0°/x^2, \quad \ddot{\theta}_t = -5°/x^2$$

将起始和终止约束条件代入式(5.12)、式(5.14),得

$$a_0 = 30, \quad a_1 = 0, \quad a_2 = 2.5$$

$$a_3 = 1.6, \quad a_4 = -0.58, \quad a_5 = 0.0464$$

求得如下运动方程,即

$$\begin{cases} \theta(t) = 30 + 2.5t^2 + 1.6t^3 - 0.58t^4 + 0.0464t^5 \\ \dot{\theta}(t) = 5t + 4.8t^2 - 2.32t^3 + 0.232t^4 \\ \ddot{\theta}(t) = 5 + 9.6t^2 - 6.96t^2 + 0.928t^3 \end{cases}$$

图 5-18 所示为机器人关节的角位置、角速度和角加速度曲线,其最大角加速度为 $8.7°/s^2$。

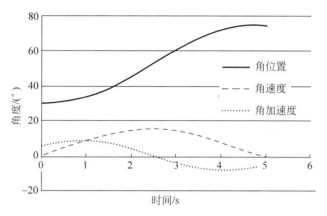

图 5-18 机器人关节的角位置、角速度和角加速度曲线

5.4.2 用抛物线过渡的线性插值

在关节空间轨迹规划中,对于给定起始点和终止点的情况,其线性函数插值选择较为简单,如图 5-19 所示。然而,单纯线性插值会导致起始点和终止点的关节运动速度不连续,且加速度无穷大,在两端点会造成刚性冲击,如图 5-20 所示。

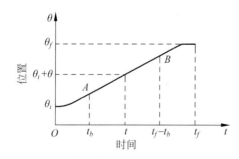

图 5-19 抛物线过渡的线性段规划方法

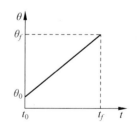

图 5-20 两点间的线性插值轨迹

为此应对线性函数插值方案进行修正,在线性插值两端点的邻域内设置一段抛物线形缓冲区段。由于抛物线函数对于时间的二阶导数为常数,即相应区段内的加速度恒定,这样保证起始点和终止点的速度平滑过渡,从而使整个轨迹上的位置和速度连续。线性函数与

两段抛物线函数平滑地衔接在一起形成的轨迹称为**带有抛物线过渡域的线性轨迹**,如图5-21所示。

为了构造这段运动轨迹,假设两端的抛物线轨迹具有相同的持续时间 t_a,具有大小相同而符号相反的恒加速度 $\ddot{\theta}$。对于这种路径规划存在有多个解,其轨迹不唯一,如图5-22所示。但是,每条路径都对称于时间中点 t_h 和位置中点 θ_h。

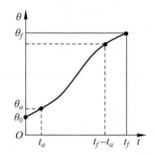

图 5-21　带有抛物线过渡域的线性轨迹

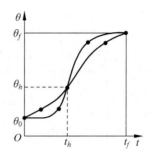

图 5-22　轨迹的多解性与对称性

要保证路径轨迹的连续、光滑,即要求抛物线轨迹的终点速度必须等于线性段的速度,故有下列关系:

$$\ddot{\theta}t_a = \frac{\theta_h - \theta_a}{t_h - t_a} \tag{5.15}$$

式中,θ_a 为对应于抛物线持续时间 t_a 的关节角度。θ_a 的值可以按式(5.16)求出

$$\theta_a = \theta_0 + \frac{1}{2}\ddot{\theta}t_a^2 \tag{5.16}$$

设关节从起始点到终止点的总运动时间为 t_f,则 $t_f = 2t_h$,并注意到

$$\theta_h = \frac{1}{2}(\theta_0 + \theta_f) \tag{5.17}$$

则由式(5.11)~式(5.13)得

$$\ddot{\theta}t_a^2 - \ddot{\theta}t_f t_a + (\theta_f - \theta_0) = 0 \tag{5.18}$$

一般情况下,θ_0、θ_f、t_f 是已知条件,这样,根据式(5.11)可以选择相应的 $\ddot{\theta}$ 和 t_a,得到相应的轨迹。通常的做法是先选定加速度 $\ddot{\theta}$ 的值,然后按式(5.18)求出相应的 t_a:

$$t_a = \frac{t_f}{2} - \frac{\sqrt{\ddot{\theta}^2 t_f^2 - 4\ddot{\theta}(\theta_f - \theta_0)}}{2\ddot{\theta}} \tag{5.19}$$

由式(5.19)可知,为保证 t_a 有解,加速度值 $\ddot{\theta}$ 必须选得足够大,即

$$\ddot{\theta} \geqslant \frac{4(\theta_f - \theta_0)}{t_f^2} \tag{5.20}$$

当式(5.20)中的等号成立时,轨迹线性段的长度缩减为零,整个轨迹由两个过渡域组成,这两个过渡域在衔接处的斜率(关节速度)相等;加速度 $\ddot{\theta}$ 的取值越大,过渡域的长度会变得越短,若加速度趋于无穷大,轨迹又复归到简单的线性插值情况。

例 5-4   在例 5-3 中,假设六轴机器人的第一关节以角加速度 $\ddot{\theta}=10°/\mathrm{s}^2$ 在 5s 内从初始角 $\theta_0=30°$ 运动到目的角 $\theta_f=70°$。求解所需的过渡时间并绘制关节角位置、角速度和角加速度曲线。

解:由题设条件可得

$$t_a=\left[\frac{5}{2}-\frac{\sqrt{10^2\times 5^2-4\times 10\times(70-30)}}{2\times 10}\right]\mathrm{s}=1\mathrm{s}$$

由 $\theta=\theta_0$ 到 θ_a,由 $\theta=\theta_a$ 到 θ_b,由 $\theta=\theta_b$ 到 θ_f,角位置、角速度和角加速度速方程分别为

$$\begin{cases}\theta=30+5t^2\\ \dot{\theta}=10t\\ \ddot{\theta}=10\end{cases},\qquad \begin{cases}\theta=\theta_a+10t\\ \dot{\theta}=10\\ \ddot{\theta}=0\end{cases},\qquad \begin{cases}\theta=70-5(5-t)^2\\ \dot{\theta}=10(5-t)\\ \ddot{\theta}=-10\end{cases}$$

根据以上方程,绘制出图 5-23 所示的该关节的角位置、角速度和角加速度速度曲线。

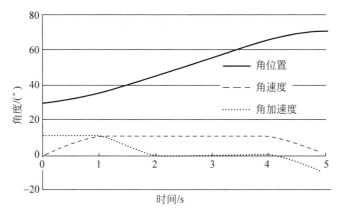

图 5-23   机器人关节的角位置、角速度和角加速度曲线

由例 5-4 可以看出,用抛物线过渡的线性函数插值进行轨迹规划的物理概念非常清楚,即在机器人每一关节中,电动机采用等加速、等速和等减速的运动规律。

5.4.3   轨迹的实时生成

轨迹规划任务中所学习的是根据给定的路径点规划出运动轨迹的所有参数,是在给定路径点的情况下如何规划出运动轨迹的问题。在实时运行时,路径生成器不断产生用 θ、$\dot{\theta}$、$\ddot{\theta}$ 构造的轨迹,并且将此信息输送至操作臂的控制系统。路径计算的速度应能满足路径更新速率的要求。但是还有一个如何描述路径点并以合适的方式输入给机器人的问题。最常用的方法便是利用机器人语言。用户将要求实现的动作编成相应的应用程序,其中有相应的语句用来描述轨迹规划,并通过相应的控制作用来实现期望的运动。

1. 关节空间轨迹的生成

前面介绍了几种关节空间轨迹规划的方法,按照这些方法所得的计算结果都是有关各个路径段数据。控制系统的轨迹生成器利用这些数据以轨迹更新的速率计算出 θ、$\dot{\theta}$ 和 $\ddot{\theta}$ 的数据。对于三次多项式,轨迹生成器只需要随 t 的变化,计算出 θ、$\dot{\theta}$ 和 $\ddot{\theta}$ 的数据。当到达

路径段的终止点时,调用新路径继续生成轨迹。重新把 t 置 0,继续生成轨迹。对于带抛物线拟合的直线样条曲线,每次更新轨迹时,应首先检测时间 t 的值,以判断当前是处在路径段的直线区段还是抛物线拟合区段,在直线区段,对每个关节的轨迹计算如下:

$$
\begin{cases}
\theta = \theta_0 + \omega\left(t - \dfrac{1}{2}t_a\right) \\[2mm]
\dot{\theta} = \dfrac{\omega}{t_a}t \\[2mm]
\ddot{\theta} = \dfrac{\omega}{t_a}
\end{cases}
\tag{5.21}
$$

式中,ω 为根据驱动器的性能而选择的定值;t_a 可计算。在起始点拟合区段,对各关节的轨迹计算如下:

$$
\begin{cases}
\theta = \theta_0 + \dfrac{1}{2}\omega t_a \\[2mm]
\dot{\theta} = \dfrac{\omega}{t_a}t \\[2mm]
\ddot{\theta} = \dfrac{\omega}{t_a}
\end{cases}
\tag{5.22}
$$

终止点处的抛物线段与起始点处的抛物线段是对称的,只是其加速度为负,因此可按照下式计算:

$$
\begin{cases}
\theta = \theta_f - \dfrac{\omega}{2t_a}(t_f - t)^2 \\[2mm]
\dot{\theta} = \dfrac{\omega}{t_a}(t_f - t) \\[2mm]
\ddot{\theta} = -\dfrac{\omega}{t_a}
\end{cases}
\tag{5.23}
$$

式中,t_f 为该段抛物线终止点时间。轨迹生成器按照式(5.21)~式(5.23)随 t 的变化实时生成轨迹。当进入新的运动段以后,必须基于给定的关节速度求出新的 t_a,根据边界条件计算抛物线段的系数继续计算,直到计算出所有路径段的数据集合。

2. 直角坐标空间轨迹的生成

前面已经介绍了直角坐标空间轨迹规划的方法。在直角坐标空间的轨迹必须变换为等效的关节空间变量,为此,可以通过运动学逆解得到相应的关节位置;用逆雅可比矩阵计算关节速度,用逆雅可比矩阵及其导数计算角加速度。在实际中往往采用简便的方法,即根据逆运动学以轨迹更新速率首先把 x 转换成关节角向量 θ,然后再由数值微分根据下式计算 $\dot{\theta}$ 和 $\ddot{\theta}$:

$$
\begin{cases}
\dot{\theta}(t) = \dfrac{\theta(t) - \theta(t - \Delta t)}{\Delta t} \\[2mm]
\ddot{\theta}(t) = \dfrac{\dot{\theta}(t) - \dot{\theta}(t - \Delta t)}{\Delta t}
\end{cases}
\tag{5.24}
$$

最后,把轨迹规划器生成的 θ、$\dot{\theta}$ 和 $\ddot{\theta}$ 送往机器人的控制系统。至此,轨迹规划的任务才算完成。

关节空间轨迹规划仅能保证机器人末端操作器从起始点通过路径点运动至目标点,但不能对末端操作器在直角坐标空间两点之间的实际运动轨迹进行控制,所以仅适用于 PTP 作业的轨迹规划。为了满足 PTP 控制的要求,机器人语言都有关节空间轨迹规划指令 MOVEJ。该规划指令效率最高,对轨迹无特殊要求的作业,应尽量使用该指令控制机器人的运动。

直角坐标空间轨迹规划主要用于 CP 控制,机器人的位置和姿态都是时间的函数,对轨迹的空间形状可以提出一定的设计要求,如要求轨迹是直线、圆弧或者其他期望的轨迹曲线。在机器人语言中,MOVEL 和 MOVEC 分别是实现直线和圆弧轨迹的规划指令。

5.5 机器人传感器

移动机器人是机器人的重要研究领域,人们很早就开始移动机器人的研究。世界上第一台真正意义上的移动机器人是斯坦福研究院(SRI)的人工智能中心于 1966—1972 年研制的,名叫 Shakey,它装备了电视摄像机、三角测距仪、碰撞传感器、驱动电动机以及编码器,并通过无线通信系统由两台计算机控制,可以进行简单的自主导航。Shakey 的研制过程中还诞生了两种经典的导航算法:A * 算法(the A * search algorithm)和可视图法(the visibility graph method)。虽然 Shakey 只能解决简单的感知、运动规划和控制问题,但它却是当时将 AI 应用于机器人的最为成功的研究平台,它证实了许多通常属于人工智能(AI)领域的严肃的科学结论。从 20 世纪 70 年代末开始,随着计算机的应用和传感技术的发展,以及新的机器人导航算法的不断推出,移动机器人研究开始进入快车道。

移动机器人智能的一个重要标志就是自主导航,而实现机器人自主导航有个基本要求,即避障。避障是指移动机器人根据采集障碍物的状态信息,在行走过程中,通过传感器感知到妨碍其通行的静态和动态物体时,按照一定的方法进行有效地避障,最后达到目标点。

实现避障与导航的必要条件是环境感知,在未知或者是部分未知的环境下避障需要通过传感器获取周围环境信息,包括障碍物的尺寸、形状和位置等信息,因此传感器技术在移动机器人避障中起着十分重要的作用。避障使用的传感器主要有激光传感器、视觉传感器、红外传感器、超声传感器等。

1. 激光传感器

激光测距传感器利用激光来测量被测物体的距离或者被测物体的位移等参数。比较常用的测距方法是由脉冲激光器发出持续时间极短的脉冲激光,经过待测距离后射到被测目标,回波返回,由光电探测器接收。根据主波信号和回波信号之间的间隔,即激光脉冲从激光器到被测目标之间的往返时间,就可以算出待测目标的距离。由于光速很快,使得在测小距离时光束往返时间极短,因此这种方法不适合测量精度要求很高的(亚毫米级别)距离,一般若要求精度非常高,常用三角法、相位法等方法测量。

2. 视觉传感器

视觉传感器的优点是探测范围广、获取信息丰富,实际应用中常使用多个视觉传感器,或者与其他传感器配合使用,通过一定的算法可以得到物体的形状、距离、速度等诸多信息。

利用一个摄像机的序列图像来计算目标的距离和速度,还可采用 SSD 算法,根据一个镜头的运动图像来计算机器人与目标的相对位移。但在图像处理中,边缘锐化、特征提取等图像处理方法计算量大,实时性差,对处理机要求高;且视觉测距法检测不能检测到玻璃等透明障碍物的存在;另外,受视场光线强弱、烟雾的影响很大。

3. 红外传感器

大多数红外传感器测距都是基于三角测量原理。红外发射器按照一定的角度发射红外光束,当遇到物体以后,光束会反射回来。反射回来的红外光线被 CCD 检测器检测到以后,会获得一个偏移值 L,利用三角关系,在知道了发射角度 α、偏移距 L、中心距 X,以及滤镜的焦距 f 以后,传感器到物体的距离 D 就可以通过几何关系计算出来了。红外传感器的优点是不受可见光影响,白天黑夜均可测量,角度灵敏度高、结构简单、价格较便宜,可以快速感知物体的存在;但测量时受环境影响很大,物体的颜色、方向、周围的光线都能导致测量误差,测量不够精确。

4. 超声波传感器

超声波传感器检测距离原理是测出发出超声波至再检测到发出的超声波的时间差,同时根据声速计算出物体的距离。由于超声波在空气中的速度与温湿度有关,在比较精确的测量中,需把温湿度的变化和其他因素考虑进去。超声波传感器一般作用距离较短,普通的有效探测距离都在 $5\sim10\mathrm{m}$,但是会有一个最小探测盲区,一般为几十毫米。由于超声传感器的成本低,实现方法简单,技术成熟,因此是移动机器人中常用的传感器。

5.5.1　机器人内部传感器

在工业机器人内部传感器中,位置传感器和速度传感器是当今机器人反馈控制中不可缺少的元件。现已有多种传感器大量生产,但倾斜角传感器、方位角传感器及振动传感器等用作机器人内部传感器的时间不长,其性能尚需进一步改进。

工业机器人内部传感器功能分类:

(1) 规定位置、规定角度的检测。

(2) 位置、角度测量。

(3) 速度、角速度测量。

(4) 加速度测量。

1. 位移位置传感器

检测预先规定的位置或角度,可以用开/关两个状态值,用于检测机器人的起始原点、越限位置或确定位置。微型开关:规定的位移或力作用到微型开关的可动部分(称为执行器)时,开关的电气触点断开或接通。限位开关通常装在盒里,以防外力的作用和水、油、尘埃的侵蚀。光电开关:光电开关是由 LED 光源和光敏二极管或光敏晶体管等光敏元件组成,相隔一定距离而构成的透光式开关。当光由基准位置的遮光片通过光源和光敏元件的缝隙时,光射不到光敏元件上,从而起到开关的作用。

2. 位置、角度测量

测量机器人关节线位移和角位移的传感器是机器人位置反馈控制中必不可少的元件,包括电位器、旋转变压器和编码器。

(1) 电位器可作为直线位移和角位移检测元件,其结构形式和电路原理图如图 5-24 所示。

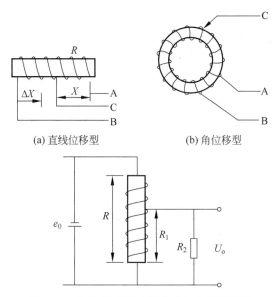

(a) 直线位移型 (b) 角位移型

图 5-24 电位器式传感器形式和电路原理图

为了保证电位器的线性输出,应保证等效负载电阻远远大于电位器总电阻。

电位器式传感器结构简单,性能稳定,使用方便,但分辨率不高,且当电刷和电阻之间接触面磨损或有尘埃附着时会产生噪声。

(2) 旋转变压器由铁芯、两个定子线圈和两个转子线圈组成,是测量旋转角度的传感器。定子和转子由硅钢片和坡莫合金叠层制成,如图 5-25 所示。

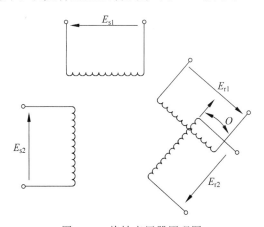

图 5-25 旋转变压器原理图

在各定子线圈加上交流电压,转子线圈中由于交链磁通的变化产生感应电压。感应电压和励磁电压之间相关联的耦合系数随转子的转角而改变。因此,根据测得的输出电压,就可以知道转子转角的大小。

3. 速度传感器

速度、角速度测量是驱动器反馈控制必不可少的环节。有时也利用测位移传感器测量速度及检测单位采样时间位移量,但这种方法有其局限性:低速时存在测量不稳定的危险;高速时,只能获得较低的测量精度。最通用的速度、角速度传感器是测速发电机或称为转速表的传感器、比率发电机。测量角速度的测速发电机,可按其构造分为直流测速发电机、交流测速发电机和感应式交流测速发电机。

4. 加速度传感器

加速度测量随着机器人的高速化、高精度化,机器人的振动问题日益凸显。为了解决振动问题,如图 5-26 所示,有时在机器人的运动手臂等位置安装加速度传感器,测量振动加速度,并把它反馈到驱动器上,这些加速度传感器包括应变片加速度传感器、伺服加速度传感器、压电感应加速度传感器和其他类型传感器。

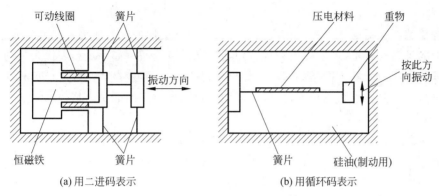

(a) 用二进码表示　　　　　　　　(b) 用循环码表示

图 5-26　两种振动式加速度传感器

5.5.2　机器人外部传感器

外部传感器越来越多地应用在现有的工业机器人中。对于新一代机器人,特别是各种移动机器人,则要求具有自校正能力和反映环境不测变化的能力。已有越来越多的机器人具有各种外部感觉能力。本节讨论几种最主要的外部传感器:触觉传感器、应力传感器、接近觉传感器和听觉传感器等。

1. 触觉传感器

触觉传感器的触觉是接触、冲击、压迫等机械刺激感觉的综合,利用触觉可进一步感知物体的形状、软硬等物理性质。一般把检测感知和外部直接接触而产生的接触觉、压力、触觉及接近觉的传感器称为机器人触觉传感器。

1)接触觉

接触觉是通过与对象物体彼此接触而产生的,所以最好使用手指表面高密度分布触觉传感器阵列,它柔软易变形,可增大接触面积,并且有一定的强度,便于抓握。接触觉传感器可检测机器人是否接触目标或环境,用于寻找物体或感知碰撞,如图 5-27 所示。接触觉传感器主要有机械式、弹性式和光纤式等。机械式传感器利用触点的接触断开获取信息,通常采用微动开关来识别物体的二维轮廓,由于结构关系无法高密度列阵。

2)弹性式传感器

这类传感器都由弹性元件、导电触点和绝缘体构成。如采用导电性石墨化碳纤维、氨基甲酸乙酯泡沫、印制电路板和金属触点构成的传感器,碳纤维被压后与金属触点接触,开关导通。也可由弹性海绵、导电橡胶和金属触点构成,导电橡胶受压后,海绵变形,导电橡胶和金属触点接触,开关导通。也可由金属和铍青铜构成,被绝缘体覆盖的青铜箔片被压后与金

图 5-27 接触觉传感器

属接触点闭合。

3）光纤式传感器

这种传感器包括由一束光纤构成的光缆和一个可变形的反射表面。光通过光纤束投射到可变形的反射材料上,反射光按相反方向通过光纤束返回。如果反射表面是平的,则通过每条光纤所返回的光的强度是相同的。如果反射表面因与物体接触受力而变形,则反射的光强度不同。用高速光扫描技术进行处理,即可得到反射表面的受力情况。

2. 接近觉传感器

接近觉是一种粗略的距离感觉,接近觉传感器的主要作用是在接触对象之前获得必要的信息,用于探测在一定距离范围内是否有物体接近、物体的接近距离和对象的表面形状及倾斜等状态,一般用"1"和"0"两种态表示,如图 5-28 所示。

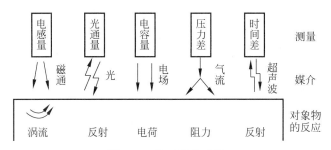

图 5-28 接近觉传感器

接近觉传感器一般使用非接触式测量元件,如霍尔效应传感器、电磁式接近开关和光学接近传感器。以光学接近觉传感器为例,其结构如图 5-29 所示,由发光二极管和光敏晶体管组成。发光二极管发出的光经过反射被光敏晶体管接收,接收到的光强和传感器与目标的距离有关,输出信号是距离的函数。红外信号被调制成某一特定频率,可大大提高信噪比。

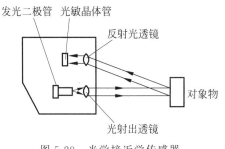

图 5-29 光学接近觉传感器

3. 力觉传感器

力觉传感器中,力觉是指对机器人的指、肢和关节等运动中所受力的感知,主要包括腕力觉、关节力觉和支座力觉等,根据被测对象的负载,可以把力传感器分为测力传感器(单轴力传感器)、力矩表(单轴力矩传感器)、手指传感器(检测机器人手指作用力的超小型单轴力传感器)和六轴力觉传感器。力觉传感器根据力的检测方式不同,可以分为:①检测应变或应力的应变片式,应变片力觉传感器被机器人广泛采用;②利用压电效应的压电元件式;③用位移计测量负载产生的位移的差动变压器、电容位移计式。在选用力传感器时,首先要注意额定值;其次,通常在机器人的力控制中,力的精度意义不大,重要的是分辨率。在机器人上实际安装使用力觉传感器时,一定要事先检查操作区域,清除障碍物,这对实验者的人身安全、对保证机器人及外围设备不受损害有重要意义。常见的机器人力觉传感器如图 5-30 所示。

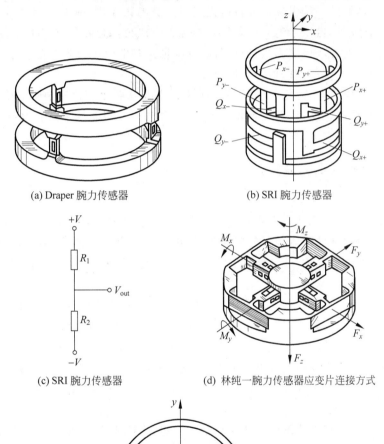

(a) Draper 腕力传感器   (b) SRI 腕力传感器

(c) SRI 腕力传感器   (d) 林纯一腕力传感器应变片连接方式

(e) 非径向中心对称三梁腕力传感器

图 5-30 常见的机器人力觉传感器

4. 距离传感器

距离传感器可用于机器人导航和回避障碍物,也可用于对机器人空间内的物体进行定位及确定其一般形状特征。目前最常用的测距法有两种。

1) 超声波测距法

超声波是频率 20kHz 以上的机械振动波,利用发射脉冲和接收脉冲的时间间隔推算出距离。超声波测距法的缺点是波束较宽,其分辨力受到严重的限制,因此,主要用于导航和回避障碍物。

2) 激光测距法

激光测距法也可以利用回波法,或者利用激光测距仪,其工作原理如下:氦氖激光器固定在基线上,在基线的一端由反射镜将激光点射向被测物体,反射镜固定在电动机轴上,电动机连续旋转,使激光点稳定地对被测目标扫描。由电荷耦合器件(CCD)摄像机接收反射光,采用图像处理的方法检测出激光点图像,并根据位置坐标及摄像机光学特点计算出激光反射角。利用三角测距原理即可算出反射点的位置。

除以上介绍的机器人外部传感器外,还可根据机器人特殊用途安装听觉传感器、味觉传感器及电磁波传感器,这些机器人主要用于科学研究、海洋资源探测或食品分析、救火等特殊用途。这些传感器多数属于开发阶段,有待于更进一步完善,以丰富机器人专用功能。

5.5.3 机器人视觉装置

1. 视觉系统基础

视觉传感器是智能机器人重要的传感器之一。机器人视觉通过视觉传感器获取环境的二维图像,并通过视觉处理器进行分析和解释,转换为符号,让机器人能够辨识物体,并确定其位置,又称为计算机视觉。在捕获图像之后,视觉传感器将其与内存中存储的基准图像进行比较,以做出分析。

电荷耦合图像传感器(CCD)是采用光电转换原理,将被测物体的光像转换为电子图像信号输出的一种大规模集成电路光电元件。CCD 由许多感光单元组成,感光单元形成若干像素点。光学系统将被测物体成像在 CCD 的受光面上,当 CCD 表面受到光线照射时,这些像素点将投射到它的光强转换成电荷信号,将反映光像的电荷信号读取并顺序输出,完成从光图像到电信号的转换过程。

2. 激光雷达系统

工作在红外和可见光波段的雷达称为激光雷达,由激光发射系统、光学接收系统、转台和信息处理系统等组成,如图 5-31 所示。发射系统是各种形式的激光器。接收系统采用望远镜和各种形式的光电探测器。

激光雷达采用脉冲和连续波两种工作方式,按照探测的原理不同,探测方法可以分为 Mie 散射、瑞利散射、拉曼散射、布里渊散射、荧光、多普勒等。激光器将电脉冲变成光脉冲(激光束)作为探测信号向目标发射出去,打在物体上并反射回来,光接收机接收从目标反射回来的光脉冲信号(目标回波),与发射信号进行比较,还原成电脉冲,送到显示器。接收器准确地测量光脉冲从发射到被反射回的传播时间。因为光脉冲以光速传播,所以接收器总会在下一个脉冲发出之前收到前一个被反射回的脉冲。鉴于光速是已知的,传播时间即可被转换为对距离的测量。然后经过适当处理后,就可获得目标的有关信息,如目标距离、方位、高度、速度、姿态甚至形状等参数,从而对目标进行探测、跟踪和识别。

根据扫描机构的不同,激光测距雷达有 2D 和 3D 两种。激光测距方法主要分为两类:一类是脉冲测距方法;另一类是连续波测距法。连续波测距一般针对合作目标采用性能良好的反射器,激光器连续输出固定频率的光束,通过调频法或相位法进行测距。脉冲测距也称为飞行时间(time of flight,TOF)测距,应用于反射条件变化很大的非合作目标。图 5-31 所示是德国 SICK 公司生产的 LMS291 激光雷达测距仪的飞行时间法测距原理示意和实物图。激光器发射的激光脉冲经过分光器后分为两路,一路进入接收器;另一路则由反射镜面发射到被测障碍物体表面,反射光也经由反射镜返回接收器。发射光与反射光的频率完全相同,通过测量发射脉冲与反射脉冲之间的时间间隔并与光速的乘积来测定被测障碍物体的距离。LMS291 的反射镜转动速度为 4500r/min,即每秒旋转 75 次。由于反射镜的转动,激光雷达得以在一个角度范围内获得线扫描的测距数据。

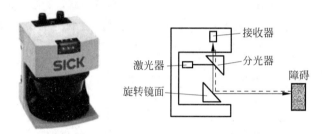

图 5-31　激光雷达 LMS291 的实物图和原理示意图

激光雷达由于使用的是激光束,工作频率高,因此具有很多优点。

(1)分辨率高。激光雷达可以获得极高的角度、距离和速度分辨率。通常角度分辨率不低于 0.1mard,也就是说可以分辨 3km 距离上相距 0.3m 的两个目标,并可同时跟踪多个目标;距离分辨率可达 0.1m;速度分辨率可达 10m/s 以内。

(2)隐蔽性好。激光直线传播,方向性好,光束很窄,只有在其传播路径上才能接收到,因此很难被截获,且激光雷达的发射系统(发射望远镜)口径很小,可接收区域窄,有意发射的激光干扰信号进入接收机的概率极低。

(3)低空探测性能好。激光雷达只有被照射到目标才会产生反射,完全不存在地物回波的影响,因此可以"零高度"工作,低空探测性能很强。

(4)体积小、质量轻。与普通微波雷达相比,激光雷达轻便、灵巧,架设、拆收简便,结构相对简单,维修方便,操纵容易,价格也较低。当然,激光雷达工作时受天气和大气影响较大。在大雨、浓烟、浓雾等恶劣天气里,衰减急剧加大,传播距离大受影响。大气环流还会使激光光束发生畸变、抖动,直接影响激光雷达的测量精度。此外,由于激光雷达的波束极窄,在空间搜索目标非常困难,只能在较小的范围内搜索、捕获目标。

激光雷达的作用是能精确测量目标位置、运动状态和形状,以及准确探测、识别、分辨和跟踪目标,具有探测距离远和测量精度高等优点,已被普遍应用于移动机器人定位导航,还被广泛应用于资源勘探、城市规划、农业开发、水利工程、土地利用、环境监测、交通监控、防震减灾等方面,在军事上也已开发出火控激光雷达、侦测激光雷达、导弹制导激光雷达、靶场测量激光雷达、导航激光雷达等精确获取三维地理信息的途径,为国民经济、国防建设、社会发展和科学研究提供了极为重要的数据信息资源,取得了显著的经济效益,显示出优良的应用前景。

5.6 机器人避障技术的分类

目前移动机器人的避障根据对环境信息的掌握程度可以分为障碍物信息已知、障碍物信息部分未知或完全未知 3 种。传统的导航避障方法如可视图法、栅格法、自由空间法等算法对障碍物信息已知时的避障问题处理尚可,但当障碍信息未知或者障碍是可移动的时候,传统的导航方法一般不能很好地解决避障问题或者根本不能避障。而实际生活中,绝大多数的情况下,机器人所处的环境都是动态的、可变的、未知的,为了解决上述问题,人们引入了计算机和人工智能等领域的一些算法。同时得益于处理器计算能力的提高及传感器技术的发展,在移动机器人的平台上进行一些复杂算法的运算也变得轻松,由此产生了一系列智能避障方法,比较热门的有遗传算法、神经网络算法、模糊算法等。

5.6.1 基于遗传算法的机器人避障算法

遗传算法(genetic algorithm)是计算数学中用于解决最佳化的搜索算法,是进化算法的一种。进化算法是借鉴了进化生物学中的遗传、突变、自然选择以及杂交等现象而发展起来的。遗传算法采用从自然进化中抽象出来的几个算子对参数编码的字符串进行遗传操作,包括复制或选择算子(reproduction or select)、交叉算子(crossover)、变异算子(mutation)。

遗传算法的主要优点:采用群体方式对目标函数空间进行多线索的并行搜索,不会陷入局部极小点;只需要可行解目标函数的值,而不需要其他信息,对目标函数的连续性、可微性没有要求,使用方便;解的选择和产生用概率方式,因此具有较强的适应能力和鲁棒性。

5.6.2 基于神经网络算法的机器人避障方法

神经网络(neural network)是一种模仿生物神经网络的结构和功能的数学模型或计算模型。神经网络由大量的人工神经元连接进行计算。大多数情况下人工神经网络能在外界信息的基础上改变内部结构,是一种自适应系统。人工神经网络通常通过一个基于数学统计学类型的学习方法优化,是一种非线性统计性数据建模工具,可以对输入和输出间复杂的关系进行建模。

传统的神经网络路径规划方法往往是建立一个关于机器人从初始位置到目标位置行走路径的神经网络模型,模型输入是传感器信息和机器人前一位置或者前一位置的运动方向,通过对模型训练输出机器人下一位置或者下一位置的运动方向。可以建立基于动态神经网络的机器人避障算法,动态神经网络可以根据机器人环境状态的复杂程度自动地调整其结构,实时地实现机器人的状态与其避障动作之间的映射关系,能有效地减轻机器人的运算压力。还有研究通过使用神经网络避障的同时与混合智能系统(HIS)相连接,可以使移动机器人的认知决策避障能力和人相近。

5.6.3　基于模糊控制的机器人避障算法

模糊控制(fuzzy control)是一类应用模糊集合理论的控制方法,它没有像经典控制理论那样把实际情况加以简化从而建立起数学模型,而是通过人的经验和决策进行相应的模糊逻辑推理,并且用具有模糊性的语言来描述整个时变的控制过程。对于移动机器人避障用经典控制理论建立起的数学模型将会非常粗糙,而模糊控制则把经典控制中被简化的部分也综合起来加以考虑。

对于移动机器人避障的模糊控制而言,其关键问题就是要建立合适的模糊控制器,模糊控制器主要完成障碍物距离值的模糊化、避障模糊关系的运算、模糊决策以及避障决策结果的非模糊化处理(精确化)等重要过程,以此来智能地控制移动机器人的避障行为。利用模糊控制理论还可将专家知识或操作人员经验形成的语言规则直接转化为自动控制策略。通常使用模糊规则查询表,用语言知识模型来设计和修正控制算法。

除此之外,还有启发式搜索算法、基于行为的路径规划算法、基于再激励学习的路径规划算法等避障算法,也都在移动机器人的避障研究中取得了很好的成果。

随着计算机技术、传感器技术、人工智能的发展,移动机器的避障及自主导航技术已经取得了丰硕的研究成果,应用领域也在不断地扩大,应用复杂程度也越来越高。移动机器人的自主寻路要求已经从之前简单的功能实现提升到可靠性、通用性、高效率上来,因此对其相关技术提出了更高的要求。然而,至今没有任何一种方法能够在任意环境使机器人进行有效的避障,如何克服相关算法的局限性是今后工作的研究方向之一。可以看出,不管是传统算法还是新兴的智能算法都有其适用与不适用的环境,通过传统算法与智能算法之间的相互融合,克服单个算法的缺陷,增强整体的适用性,现在已经有很多这方面的研究,以后仍将是研究热点之一。

第6章

机器人编程

本章主要研究对机器人编程的要求,包括能够建立世界模型、能够描述机器人的作业和运动、允许用户规定执行流程、要有良好的编程环境以及需要功能强大的人机接口,并能综合传感信号等。

按照机器人作业水平的高低,把机器人编程语言分为三级,即动作级、对象级和任务级。

一个机器人语言系统应包括机器人语言本身、操作系统和处理系统等,它能够支持机器人编程、控制、各种接口以及与计算机系统通信;机器人编程语言具有运算、决策、通信、描述机械手运动、描述工具指令和处理传感数据等功能。

离线编程系统不仅是机器人实际应用的必要手段,也是开发任务规划的有力工具,并可以建立 CAD/CAM 与机器人间的联系。

6.1 机器人编程语言的基本要求和类别

机器人编程语言是一种程序描述语言,它能十分简洁地描述工作环境和机器人的动作,能把复杂的操作内容通过尽可能简单的程序来实现。机器人编程语言也和一般的程序语言一样,应当具有结构简明、概念统一、容易扩展等特点。从实际应用的角度来看,很多情况下都是操作者实时地操纵机器人工作,因此,机器人编程语言不仅应当简单易学,并且应有良好的对话性。高水平的机器人编程语言还能够做出并应用于目标物体和环境的几何模型。在工作进行过程中,几何模型是不断变化的,因此性能优越的机器人语言会极大地减少编程的困难。

6.1.1 动作级语言

动作级语言以机器人末端操作器的动作为中心来描述各种操作,要在程序中说明每个动作。这是一种最基本的描述方式。

6.1.2 对象级语言

对象级语言允许较粗略地描述操作对象的动作、操作对象之间的关系等。使用这种语言时,必须明确地描述操作对象之间的关系和机器人与操作对象之间的关系。它特别适用于组装作业。

6.1.3 任务级语言

任务级语言只要直接指定操作内容就可以了,为此,机器人必须一边思考一边工作。这是一种水平很高的机器人程序语言。

现在还有人在开发一种系统,它能按某种原则给出最初的环境状态和最终的工作状态,然后让机器人自动进行推理、计算,最后自动生成机器人的动作。这种系统现在仍处于基础研究阶段,还没有形成机器人语言。本章主要介绍动作级和对象级语言。

6.1.4 机器人编程的要求

1. 能够建立世界模型

在进行机器人编程时,需要一种描述物体在三维空间内运动的方法。存在具体的几何形式是机器人编程语言最普通的组成部分。物体的所有运动都以相对于基坐标系的工具坐标来描述,机器人语言应当具有对世界(环境)的建模功能。

2. 能够描述机器人的作业

现有的机器人语言需要给出作业顺序,由语法和词法定义输入语言,并由它描述整个作业。

3. 能够描述机器人的运动

描述机器人需要进行的运动是机器人编程语言的基本功能之一。用户能够运用语言中的运动语句,与路径规划器和发生器连接,允许用户规定路径上的点及目标点,决定是否采用点插补运动或笛卡儿直线运动。用户还可以控制运动速度或运动持续时间。

4. 允许用户规定执行流程

同一般的计算机编程语言一样,机器人编程系统允许用户规定执行流程,包括试验和转移、循环、调用子程序以至中断等。

5. 要有良好的编程环境

一个好的编程环境有助于提高程序员的工作效率。机械手的程序编制是困难的,其编程趋向于试探对话式,从而导致工作效率低下。现在大多数机器人编程语言含有中断功能,以便能在程序开发和调试过程中每次只执行一条单独语句。典型的编程支撑(如文本编辑、调试程序)和文件系统也是需要的。

6. 需要人机接口和综合传感信号

在编程和作业过程中,应便于人与机器人之间进行信息交换,以便在运动出现故障时能及时处理,确保安全。随着作业环境和作业内容复杂程度的增加,需要有功能强大的人机接口。

6.1.5 机器人编程语言的类型

1. 动作级编程语言

动作级语言是以机器人的运动作为描述中心,通常由指挥夹手从一个位置到另一个位置的一系列命令组成。动作级语言的每一个命令(指令)对应于一个动作。动作级编程又可分为关节级编程和终端执行器级编程两种。

关节级编程：关节级编程程序给出机器人各关节位移的时间序列。

终端执行器级编程：终端执行器级编程是一种在作业空间内直角坐标系里工作的编程方法。

2. 对象级编程语言

对象级语言解决了动作级语言的不足，它是描述操作物体间关系使机器人动作的语言，即以描述操作物体之间的关系为中心的语言，这类语言有 AML、AUTOPASS 等。

AUTOPASS 是一种用于计算机控制下进行机械零件装配的自动编程系统，这一编程系统面对作业对象及装配操作而不直接面对装配机器人的运动。

3. 任务级编程语言

任务级语言是比较高级的机器人语言，这类语言允许使用者对工作任务所要求达到的目标直接下命令，不需要规定机器人所做的每个动作的细节。只要按某种原则给出最初的环境模型和最终工作状态，机器人可自动进行推理、计算，最后自动生成机器人的动作。

决定编程语言具有不同设计特点的因素：

(1) 语言模式、形式；

(2) 几何学数据形式；

(3) 旋转矩阵的规定与表示；

(4) 控制多个机械手的能力；

(5) 控制结构、模式；

(6) 运动形式；

(7) 信号线；

(8) 传感器接口；

(9) 支援模块；

(10) 调试性能。

6.1.6　机器人编程语言的基本功能

1. 运算

在作业过程中执行的规定运算能力是机器人控制系统最重要的能力之一。

2. 决策

机器人系统能够根据传感器输入信息做出决策，而不必执行任何运算。

3. 通信

人和机器能够通过许多不同方式进行通信。

4. 机械手运动

可用许多不同方法来规定机械手的运动。

5. 工具指令

一个工具控制指令通常是由闭合某个开关或继电器而开始触发的，而继电器又可能把电源接通或断开，以直接控制工具运动，或者送出一个小功率信号给电子控制器，让后者去控制工具。

6. 传感数据处理

用于机械手控制的通用计算机只有与传感器连接起来,才能发挥其全部效用。

6.2 机器人编程实现方式

6.2.1 顺序控制的编程

在顺序控制的机器人中,所有的控制都是由机械或电气的顺序控制器实现的。按照我们的定义,这里没有程序设计的要求。顺序控制的灵活性小,这是因为所有的工作过程都已编好,每个过程或由机械块或由其他确定的办法所控制。大量的自动机都是在顺序控制下操作的。这种方法的主要优点是成本低,易于控制和操作。

6.2.2 示教方式编程

目前大多数机器人还是采用示教方式编程。示教方式是一项成熟的技术,易于被熟悉工作任务的人员所掌握,而且用简单的设备和控制装置即可进行。示教过程进行得很快,示教过后,即可马上应用。在对机器人进行示教时,将机器人的轨迹和各种操作存入其控制系统的存储器,如果需要,过程还可以多次重复。在某些系统中,还可以用于示教时不同的速度再现。

如果能够从一个运输装置获得使机器人的操作与搬运装置同步的信号,就可以用示教的方法来解决机器人与搬运装置配合的问题。

示教方式编程也有一些缺点:

(1) 只能在人所能达到的速度下工作;

(2) 难以与传感器的信息相配合;

(3) 不能用于某些危险的情况;

(4) 在操作大型机器人时,这种方法不实用;

(5) 难以获得高速度和直线运动;

(6) 难以与其他操作同步;

使用示教盒示教编程可以克服其中的部分缺点。

6.2.3 示教盒示教编程

利用装在控制盒上的按钮可以驱动机器人按需要的顺序进行操作。在示教盒中,每个关节都有一对按钮,分别控制该关节在两个方向上的运动;有时还提供附加的最大允许速度控制。虽然为了获得最高的运行效率,人们一直希望机器人能实现多关节合成运动,但在示教盒示教的方式下,却难以同时移动多个关节。电视游戏机上的游戏杆通过移动控制盒中的编码器或电位器来控制各关节的速度和方向,但难以实现精确控制。不过,现在已经有了能实现多关节合成运动的示教机器人。

示教盒一般用于对大型机器人或危险作业条件下的机器人示教。但这种方法的缺点是难以获得高的控制精度,也难以与其他设备同步,且不易与传感器信息相配合。

6.2.4 脱机编程或预编程

脱机编程和预编程的含义相同,是指用机器人程序语言预先进行程序设计,而不是用示教的方法编程。脱机编程有以下几方面的优点。

(1) 编程时可以不使用机器人,以腾出机器人去做其他工作。

(2) 可预先优化操作方案和运行周期。

(3) 以前完成的过程或子程序可结合到待编的程序中。

(4) 可用传感器探测外部信息,从而使机器人做出相应的响应。这种响应使机器人可以工作在自适应的方式下。

(5) 控制功能中可以包含现有的计算机辅助设计(Computer Aided Design)和计算机辅助制造(CAM)的信息。

(6) 可以预先运行程序来模拟实际运动,从而不会出现危险。利用图形仿真技术,可以在屏幕上模拟机器人运动来辅助编程。

(7) 对不同的工作目的,只需替换一部分待定的程序。

但是,在脱机编程中,所需的补偿机器人系统误差、坐标数据很难得到,因此在机器人投入实际使用前,需要再做调整。

在非自适应系统中,没有外界环境的反馈,仅有的输入是各关节传感器的测量值,因此可以使用简单的程序设计手段。

6.3 机器人离线编程

6.3.1 离线编程的优点

(1) 可减少机器人非工作时间,当对下一个任务进行编程时,机器人仍可在生产线上工作。

(2) 使编程者远离危险的工作环境。

(3) 使用范围广,可以对各种机器人进行编程。

(4) 便于和 CAD/CAM 系统结合,做到 CAD/CAM 机器人一体化。

(5) 可使用高级计算机编程语言对复杂任务进行编程。

(6) 便于修改机器人程序。

6.3.2 离线编程主要内容

随着机器人应用范围的扩大和所完成任务复杂程度的提高,示教方式编程已很难满足要求。

机器人离线编程系统利用计算机图形学建立机器人及其工作环境的模型,再利用规划算法通过对图形的控制和操作,在离线的情况下进行轨迹规划。示教编程和离线编程的比较如表 6-1 所示。

表 6-1　示教编程和离线编程两种方式的比较

示 教 编 程	离 线 编 程
需要实际机器人系统和工作环境	需要机器人系统和工作环境的图形模型
编程时机器人停止工作	编程不影响机器人工作
在实际系统上试验程序	通过仿真试验程序
编程的质量取决于编程者的经验	可用 CAD 方法进行最佳轨迹规划
很难实现复杂的机器人运动轨迹	可实现复杂运动轨迹的编程

离线编程系统的主要内容：

(1) 机器人工作过程的知识；

(2) 机器人和工作环境三维实体模型；

(3) 机器人几何学、运动学和动力学知识；

(4) 基于图形显示和可进行机器人运动图形仿真的关于上述内容的软件系统；

(5) 轨迹规划和检查算法；

(6) 传感器的接口和仿真，以用传感器信息进行决策和规划；

(7) 通信功能，进行从离线编程系统所生成的运动代码到各种机器人控制柜的通信；

(8) 用户接口，提供有效的人机界面，便于人工干预和进行系统操作。

1. 用户接口

工业机器人一般提供两个用户接口，用于示教编程，可以用示教盒直接编制机器人程序；用于语言编程，即用机器人语言编制程序，使机器人完成给定的任务。

2. 机器人系统的三维构型

构型的 3 种主要方式，即结构立体几何表示、扫描变换表示、边界表示。边界表示最便于形体在计算机内表示、运算、修改和显示；结构立体几何表示所覆盖的形体种类较多；扫描变换表示则便于生成轴对称的形体。机器人系统的几何构型大多采用这 3 种形式的组合。

3. 运动学计算

运动学分为运动学正解和运动学逆解两部分。正解是给出机器人运动参数和关节变量计算末端位姿；逆解则是由给定的末端位姿计算相应的关节变量值。就运动学逆解而言，离线编程系统与机器人控制柜的联系有两种选择：①用离线编程系统代替机器人控制柜的逆运动学，将机器人关节坐标值通信给控制柜；②将笛卡儿坐标值输送给控制柜，由控制柜提供的逆运动学方程求解机器人的形态。

4. 轨迹规划

轨迹规划的两种类型：①自由移动(仅由初始状态和目标状态定义)和依赖于轨迹的约束运动；②约束运动受到路径、运动学和动力学约束。而自由移动没有约束条件。

轨迹规划器接受路径设定和约束条件的输入，并输出起点和终点之间按时间排列的中间形态序列，它们可用关节坐标或笛卡儿坐标表示，轨迹规划器采用轨迹规划算法。

5. 动力学仿真

当机器人跟踪期望的运动轨迹时，如果所产生的误差在允许范围内，则离线编程系统可以只从运动学的角度进行轨迹规划，而不考虑机器人的动力学特性。但是，如果机器人工作在高速和重负载的情况下，则必须考虑动力学特性，以防止产生比较大的误差。

快速有效地建立动力学模型是机器人实时控制及仿真的主要任务之一。从计算机软件设计的观点看,动力学模型的建立分为三类:数字法、符号法、解析(数字—符号)法。

6. 并行操作

并行操作是在同一时刻对多个装置工作进行仿真的技术,提供对不同装置工作过程进行仿真的环境。在执行过程中,对每一装置分配并联和串联存储器,如果可以分配几个不同处理器共用一个并联存储器,则可使用并行处理;否则应该在各存储器中交换执行情况,并控制各工作装置的运动程序的执行时间。

7. 传感器的仿真

在离线编程系统中,对传感器进行构型以及对装有传感器的机器人的误差校正进行仿真是很重要的。传感器主要分局部的和全局的两类,局部传感器有力觉、触觉和接近觉等传感器,全局传感器有视觉等传感器。传感器功能可以通过几何图形仿真获取信息如触觉,为了获取有关接触的信息,可以将触觉阵列的几何模型分解成一些小的几何块阵列,然后通过对每一几何块和物体间干涉的检查,并将所有和物体发生干涉的几何块用颜色编码,通过图形显示可以得到接触的信息。

力觉传感器除了要检验力传感器的几何模型和物体间的相交外,还需计算出二者相交的体积,根据相交体积的大小定量地表征出实际力传感器所测力和数值。

8. 通信接口

通信接口起着连接软件系统和机器人控制柜的桥梁作用,可以把仿真系统所生成的机器人运动程序转换成机器人控制柜可以接受的代码。离线编程系统实用化的一个主要问题就是缺乏标准的通信接口,标准通信接口的功能是可以将机器人仿真程序转化成各种机器人控制柜可接受的格式,目前的解决办法是选择一种较为通用的机器人语言,然后通过对该语言加工使其转换成机器人控制柜可接受的语言。

9. 误差的校正

目前误差校正的方法主要有两种:①基准点方法,即在工作空间内选择一些基准点(一般不少于三点),这些基准点具有比较高的位置精度,由离线编程系统规划使机器人运动到这些基准点,通过两者之间的差异形成误差补偿函数。②传感器方法,即利用传感器(力觉或视觉等)形成反馈,在离线编程系统所提供机器人位置的基础上,局部精确定位靠传感器来完成。基准点方法主要用于精度要求不太高的场合(如喷涂),传感器方法用于较高精度的场合(如装配)。

6.3.3 SRVWS 离线编程软件

SRVWS 软件只适用于新松公司的机器人。

由于 SRVWS 软件生成的机器人运动轨迹可以联机到机器人控制柜,并能够下载运行,所以,一定要保证虚拟工作站的机器人型号和将要下载的目标机器人型号一致。另外,使用人员一定要熟练操作机器人,并且能够正确设置参数。

SRVWS 软件功能如下。

(1) 创建虚拟工作站。

(2) 保存与加载。

(3) 在 3D 仿真平台上建立虚拟工作站,将工程中用到的重要设备,包括机器人、夹手、工件、外部轴等全部部署到一个工程项目中,编辑完并保存后,下次打开后可恢复保存前状态,如图6-1、表6-2所示。

(4)可视化调整对象位置、姿态。

(5)虚拟示教。

(6)与CAM软件紧密结合。

(7)虚拟调整点位。

(8)仿真运行。

(9)机器人联机。

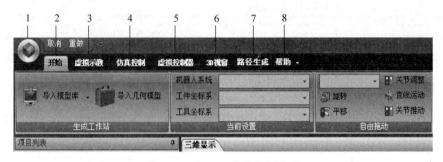

图6-1 SRVWS软件视图窗口

表6-2 SRVWS软件视图窗口部件说明

序号	部件说明	描 述
1	"文件"菜单	包括新建工作站、打开、保存、另存为和关闭等选项,可以查看到最近使用的项目,并且包含清空、选项和退出按钮
2	"开始"选项卡	包括生成工作站、当前设置、自由拖动3部分
3	"虚拟示教"选项卡	包括路径编程和工具两部分
4	"仿真控制"选项卡	包括仿真控制部分
5	"虚拟控制器"选项卡	包括与RC连接
6	"3D视窗"选项卡	包括视角控制和缩放两个选项
7	"路径生成"选项卡	单击"路径生成"按钮,打开CAM软件
8	"帮助"选项卡	包括About选项卡

6.4 常用机器人编程语言介绍

6.4.1 机器人编程

到现在为止,已经有多种机器人语言问世,其中有的是研究室里的实验语言,有的是实用的机器人语言。前者中比较有名的有美国斯坦福大学开发的AL语言、IBM公司开发的AUTOPASS语言、英国爱丁堡大学开发的RAFT语言等;后者中比较有名的有由AL语言演变而来的VAL语言、日本九州大学开发的IML语言、IBM公司开发的AMI语言等,如表6-3所示。同时还有近几年新兴的几种机器语言,更是被机器人领域广泛应用。

表 6-3　国外常用的机器人编程语言示例

语言名称	国家	研究单位	简要说明
AL	美国	Stanford Artificial Intelligence Laboratory	机器人动作及对象物描述,是机器人语言研究的开始
AUTOPASS	美国	IBM Watson Research Laboratory	组装机器语言
LAMA-S	美国	MIT	高级机器语言
VAL	美国	UNIMATION 公司	用于 PUMA 机器人(采用美 MC6800 和 DECLSI-11)两级微型处理器
RIAL	美国	AUTOMATIC 公司	用视觉传感器检查零件时用的机器语言
WAVE	美国	Stanford Artificial Intelligence Laboratory	WAVE 是一种机器人动作语言,能配合视觉传感器进行机器人的手、眼协调控制
DIAL	美国	Charles Stark Draper Laboratory	具有 RCC 顺应性手腕控制的特殊指令
RPL	美国	Stanford Research Institute Internation	可与 UNIMATION 机器人操作程序结合,预先定义子程序库
REACH	美国	Bendix Corporation	适于两臂协调动作,和 VAL 一样是使用范围广的语言
MCL	美国	McDonnell Douglas Corporation	可编程机器人、数控机床、摄像机及其控制的计算机综合制造所用语言
INDA	美国 英国	SRI International and Philips	类似 RTL2 编程语言的子集具有使用方便的处理系统
RAPT	英国	University of Edinburgh	类似数控语言 APT(采用 DEC20. LSI11/2)
LM	法国	Artificial Intelligence Group of IMAG	类似 PASCAL,数据类似 AL(采用 LS11/3)
ROBEX	德国	Machine Tool Laboratory TH Archen	具有与高级数控语言 EXAPT 相似结构的脱机编程语言
SIGLA	意大利	Olivetti	GMA 机器人语言
MAL	意大利	Milan Polytechnic	两臂机器人装配语言,其特征为方便、易于编程
SERF	日本	三协精机	SKILAN 装配机器人(采用 Z-80 微型机)
PLAW	日本	小松制作所	RW 系统弧焊机器人
IML	日本	九州大学	动作级机器人语言

1. AL 语言

AL 语言是一种高级程序设计系统,描述诸如装配一类的任务。它有类似 ALGOL 的源语言,有将程序转换为机器码的编译程序和控制机械手及其他设备的实时系统。AL 语言编译程序是由斯坦福大学人工智能实验室用高级语言编写的,可在小型计算机上运行,近年来,该程序已经能够在微型计算机上运行。

AL 语言对其他语言有很大的影响,在一般机器人语言中起主导作用,该语言是斯坦福大学于 1974 年开发的。许多子程序和条件监测语句增加了该语言的力传感和柔顺控制能力。当一个进程需要等待另一个进程完成时，可以使用适当的信号语句和等待语句。这些语句和其他的一些语句可以对两个或两个以上的机器人臂进行坐标控制，利用手和手臂运动控制命令还可控制位移、速度、力和力矩。

2. VAL-Ⅱ 语言

VAL-Ⅱ 是在 1979 年推出的，用于 UNIMATION 和 PUMA 机器人。它是基于解释方式执行的语言，可执行分支程序，对传感器信息进行输入、输出处理，实现直线运动等功能。例如，用户可以在沿末端操作器 a 轴的方向指定一个距离 height，将它与语句命令 APPRO（用于接近操作）或 DEPART（用于离开操作）结合，便可实现无碰撞地接近物体或离开物体。MOVE 命令用来使机器人从它的当前位置运动到下一个指定位置，而 MOVES 命令则是沿直线执行上述动作。

3. AML 语言

AML 语言是 IBM 公司为 3P3R 机器人编写的程序。这种机器人带有 3 个线性关节、3 个旋转关节，还有一个手爪。各关节由数字 1,2,3,4,5,6,7 表示，1、2、3 表示滑动关节，4、5、6 表示旋转关节，7 表示手爪。描述沿 x、y、z 轴运动时，关节也可分别用字母 JX、JY、JZ 表示，相应地，JR、JP、JY 分别表示绕翻转（roll）、俯仰（pitch）和偏转（yaw）轴（用来定向）旋转，而 JG 表示手爪。

AML 中允许两种运动形式：MOVE 命令是绝对值，也就是说，机器人沿指定的关节运动到给定的值；DMOVE 命令是相对值，也就是说，关节从它当前所在的位置起运动给定的值。这样，MOVE(1,10) 就意味着机器人将沿 x 轴从坐标原点起运动 10 英寸，而 DMOVE(1,10) 则表示机器人沿 x 轴从它当前位置起运动 10 英寸。AML 语言中有许多命令，它允许用户编制复杂的程序。

4. AUTOPASS 语言

AUTOPASS 语言是一种对象级语言。对象级语言是靠对象状态的变化给出大概的描述，把机器人的工作程序化的一种语言。AUTOPASS、LUMA、RAFT 等都属于这类语言。AUTOPASS 是 IBM 公司属下的一个实验室提出的机器人语言，它像提供给人的组装说明书一样，是针对机器人操作的一种语言。程序把工作的全部规划分解成放置部件、插入部件等宏功能状态变化指令来描述。AUTOPASS 的编译是用称作环境模型的数据库，边模拟工作执行时环境的变化边决定详细动作，做出对机器人的工作指令和数据。

5. 硬件描述语言

硬件描述语言（HDL）一般用于描述电气的编程方式。这些语言对于一些机器人专家来说是相当熟悉的，因为他们习惯 FPGA（field programmable gate array）编程。FPGA 能让用户开发电子硬件而无须实际生产出一块硅芯片，对于一些开发来说，这是更快更简易的选择。如果没有开发电子原型产品，用户也许永远不会用 HDL。即便如此，还是有必要了解一下这种编程语言，因为它们和其他编程语言差别很大。一个重点：HDL 所有的操作是并发的，而不是基于处理器的编程语言的顺序操作。

6. Assembly

Assembly 让用户能在 0 和 1 数位上进行编程。基本上这是最底层的编程语言。随着 Arduino 和其他如微控制器的崛起，现在用户可以使用 C/C++ 在底层方便地编程了。这意味着 Assembly 对于大多数机器人专家来说也许会变得更不必要了。

7. MATLAB

MATLAB 以及和它相关的开源资源,比如 Octave,被一些机器人工程师青睐,用来分析数据和开发控制系统。MATLAB——一个非常流行的机器人工具箱。一些专家仅仅使用 MATLAB 就能开发出整个机器人系统。如果用户想要分析数据,产生高级图像或实施控制系统,也许会想学习 MATLAB。

8. C♯/. NET

C♯是微软提供的专用编程语言。之所以把 C♯/. NET 放在这里,主要是因为微软机器人开发员工作包(Microsoft Robotics Developer Studio),这个包的主要开发语言是 C♯。如果用户准备用这个系统,那么很可能必须要用 C♯。

9. Java

Java 是一种解释性语言,这意味着它不会被编译成机器代码。相反,Java 虚拟机在运行时解释指令。使用 Java,理论上可以在不同的机器上运行相同的代码,但 Java 虚拟机在实践中并不总是可行的,有时会导致代码运行缓慢。但是 Java 在一部分机器人学中非常流行。

10. Python 语言

近年来,学习 Python 的人有一个巨大的回潮,特别是在机器人领域。其中一个原因可能是 Python 和 C++ 是 ROS 中两种主要的编程语言。与 Java 不同,Python 的重点是易用性,Python 不需要很多时间来做常规的事情,如定义和强制转换变量类型,这些在编程里面本是很平常的事。另外,Python 还有大量的免费库,这意味着当用户需要实现一些基本的功能时不必"重新发明轮子"。而且因为 Python 允许与 C/C++ 代码进行简单的绑定,这就意味着代码繁重部分的性能可以植入这些语言,从而避免性能损失。随着越来越多的电子产品开始支持"开箱即用",我们可能会在机器人中看到更多 Python。

11. C/C++

许多人认为 C 和 C++ 对新入行的机器人学家是一个很好的起点。为什么?因为很多硬件库都使用这两种语言。这两种语言允许与低级别的硬件进行交互,允许实时性能,是非常成熟的编程语言。如今,用户可能会使用 C++ 比 C 多,因为前者具有更多的功能。C++ 基本上是 C 的一种延伸。首先学一点 C 会很有用,特别是当你发现一个硬件库是用 C 编写的。C/C++ 并不是像 Python 或 MATLAB 那样简单易用。同样,用 C 来实现相同的功能会需要大量时间,也将需要更多行代码。但是,由于机器人非常依赖实时性能,C 和 C++ 是最接近我们机器人专家"标准语言"的编程语言。

6.4.2　工业机器人主流离线编程软件

常用离线编程软件可按不同标准分类,例如,可以按国内与国外分类,也可以按通用离线编程软件与厂家专用离线编程软件分类。

1. 按国内与国外分类,可以分为以下两大阵营。

国内:RobotArt。

国外:Robot Master、Robot Works、Robomove、RobotCAD、DELMIA、Robot Studio、RoboGuide。

2. 按通用离线编程与厂家专用离线编程,又可以为以下两大阵营。

通用:RobotArt、Robot Master、Robomove、RobotCAD、DELMIA。

厂家专用:Robot Studio、RoboGuide、KUKASim。

国外软件中,Robot Master 相对来说是最强的,基于 MasterCAM 平台,生成数控加工轨迹是其优势,Robot Works 和 Robomove 次之,但一套都要几十万元。RobotCAD、DELMIA 都侧重仿真,价格比前者还贵。

机器人厂家的离线编程软件以 ABB 的 Robot Studio 为强,但也仅仅是把示教放到了计算机中。

下面详细介绍一些主流的离线编程软件。

1. RobotArt

RobotArt 是北京华航唯实推出的一款国产离线编程软件,虽然与国外同类的 Robot Master、DELMIA 相比,功能稍逊一些,但是在国内离线编程软件中也算是出类拔萃的。据了解其技术来自北航机器人所,也有一些自己的专利,号称首款商业化离线编程软件,填补了国产离线编程的空白。其一站式解决方案,从轨迹规划、轨迹生成、仿真模拟,到最后后置代码,使用简单,学习起来比较容易上手。官网可以下载软件,并免费试用。

优点:

(1) 支持多种格式的三维 CAD 模型,可导入扩展名为 step、igs、stl、x_t、prt(UG)、prt(ProE)、catpart、sldpart 等格式;

(2) 支持多种品牌工业机器人离线编程操作,如 ABB、KUKA、Fanuc、Yaskawa、Staubli、KEBA 系列、新时达、广数等;

(3) 拥有大量航空航天高端应用经验;

(4) 自动识别与搜索 CAD 模型的点、线、面信息生成轨迹;

(5) 轨迹与 CAD 模型特征关联,模型移动或变形,轨迹自动变化;

(6) 一键优化轨迹与几何级别的碰撞检测;

(7) 支持多种工艺包,如切割、焊接、喷涂、去毛刺、数控加工;

(8) 支持将整个工作站仿真动画发布到网页、手机端。

缺点:软件不支持整个生产线仿真(不够万能),对外国小品牌机器人也不支持,不过作为机器人离线编程,还是相当出色的,功能不输给国外软件。

2. Robot Master(加拿大,无试用)

Robot Master 来自加拿大,由上海傲卡自动化代理,是目前离线编程软件国外品牌中的翘楚,支持市场上绝大多数机器人品牌(KUKA、ABB、Fanuc、Motoman、史陶比尔、珂玛、三菱、DENSO、松下等)。

功能:Robot Master 在 MasterCAM 中无缝集成了机器人编程、仿真和代码生成功能,提高了机器人编程速度。

优点:可以按照产品数模生成程序,适用于切割、铣削、焊接、喷涂等。具有独家的优化功能,运动学规划和碰撞检测非常精确,支持外部轴(直线导轨系统、旋转系统),并支持复合外部轴组合系统。

缺点:暂时不支持多台机器人同时模拟仿真(只能作为单个工作站),基于 MasterCAM 进行的二次开发,价格昂贵,企业版在 20 万元左右。

3. Robot Works(以色列,有试用)

Robot Works 是来自以色列的机器人离线编程仿真软件,与 Robot Master 类似,是基于 Solid Works 做的二次开发。使用时,需要先购买 Solid Works。主要功能如下。

(1) 全面的数据接口:Robot Works 是基于 Solid Works 平台开发,Solid Works 可以通过 IGES、DXF、DWG、PrarSolid、Step、VDA、SAT 等标准接口进行数据转换。

(2) 强大的编程能力:从输入 CAD 数据到输出机器人加工代码只需 4 步。

① 在 Solid Works 直接创建或直接导入其他三维 CAD 数据,选取定义好的机器人工具与要加工的工件组合成装配体。所有装配夹具和工具客户均可以用 Solid Works 自行创建调用;

② 由 Robot Works 选取工具,然后直接选取曲面的边缘或者样条曲线进行加工产生数据点;

③ 调用所需的机器人数据库,开始做碰撞检查和仿真,在每个数据点均可以自动修正,包含工具角度控制、引线设置、增加减少加工点、调整切割次序,在每个点增加工艺参数;

④ Robot Works 自动产生各种机器人代码,包含笛卡儿坐标数据、关节坐标数据、工具与坐标系数据、加工工艺等,按照工艺要求保存不同的代码。

(3) 强大的工业机器人数据库:系统支持市场上主流的大多数工业机器人,提供各大工业机器人各个型号的三维数模。

(4) 完美的仿真模拟:独特的机器人加工仿真系统可对机器人手臂、工具与工件之间的运动进行自动碰撞检查、轴超限检查,自动删除不合格路径并调整,还可以自动优化路径,减少空跑时间。

(5) 开放的工艺库定义:系统提供了完全开放的加工工艺指令文件库,用户可以按照自己的实际需求自行定义添加设置自己的独特工艺,添加的任何指令都能输出到机器人加工数据中。

优点:生成轨迹方式多样,支持多种机器人,支持外部轴。

缺点:Robot Works 一定要基于 Solid Works,而 Solid Works 本身不带 CAM 功能,编程烦琐,机器人运动学规划策略智能化程度低。

4. ROBCAD(德国,无试用)

ROBCAD 是西门子旗下的软件,软件较庞大,重点在生产线仿真,价格也是同类软件中最高的。软件支持离线点焊,多台机器人仿真,非机器人运动机构仿真、精确的节拍仿真。ROBCAD 主要应用于产品生命周期中的概念设计和结构设计两个前期阶段。

其主要特点包括如下。

(1) 与主流的 CAD 软件(如 NX、CATIA、IDEAS)无缝集成。

(2) 实现工具工装、机器人和操作者的三维可视化。

(3) 制造单元、测试以及编程的仿真。

ROBCAD 的主要功能包括如下。

(1) Workcell and Modeling:对白车身生产线进行设计、管理和信息控制。

(2) Spotand OLP:完成点焊工艺设计和离线编程。

(3) Human:实现人因工程分析。

(4) Application 中的 Paint、Arc、Laser 等模块:实现生产制造中喷涂、弧焊、激光加工、绲边等工艺的仿真验证及离线程序输出。

（5）ROBCAD 的 Paint 模块，用于喷漆的设计、优化和离线编程，其功能包括喷漆路线的自动生成、多种颜色喷漆厚度的仿真、喷漆过程的优化。

缺点：价格昂贵，离线功能较弱，UNIX 移植过来的界面，人机界面不友好，而且已经不再更新。

5. DELMIA（法国，无试用）

汽车行业普遍使用 DELMIA。

DELMIA 是达索旗下的 CAM 软件，大名鼎鼎的 CATIA 就是达索旗下的 CAD 软件。

DELMIA 有六大模块，其中 Robotics 解决方案涵盖汽车领域的发动机、总装和白车身，航空领域的机身装配、维修维护，以及一般制造业的制造工艺。

DELMIA 的机器人模块 Robotics 是一个可伸缩的解决方案，利用强大的 PPR 集成中枢快速进行机器人工作单元建立、仿真与验证，是一个完整的、可伸缩的、柔性的解决方案。使用 DELMIA 机器人模块，用户能够容易地实现以下功能：

（1）从可搜索的含有 400 种以上的机器人的资源目录中，下载机器人和其他的工具资源。

（2）利用工厂布置规划工程师所完成的工作。

（3）加入工作单元中工艺所需的资源进一步细化布局。

缺点：DELMIA、Process 和 Simulate 等都属于专家型软件，操作难度太高，不适宜高职学生学习，仅适合机器人专业研究生以上学生使用。DELMIA、Process 和 Simulate 功能虽然十分强大，但是工业正版单价也在百万元级别。

6. Robot Studio（瑞士，无试用）

Robot Studio 是瑞士 ABB 公司配套的软件，是机器人本体商中软件做得最好的一款。Robot Studio 支持机器人的整个生命周期，使用图形化编程、编辑和调试机器人系统来创建机器人的运行，并模拟优化现有的机器人程序。Robot Studio 包括如下功能。

（1）CAD 导入。可方便地导入各种主流 CAD 格式的数据，包括 IGES、STEP、VRML、VDAFS、ACIS 及 CATIA 等。机器人程序员可依据这些精确的数据编制精度更高的机器人程序，从而提高产品质量。

（2）Auto Path 功能。该功能通过使用待加工零件的 CAD 模型，仅在数分钟之内便可自动生成跟踪加工曲线所需的机器人位置（路径），而这项任务以往通常需要数小时甚至数天。

（3）程序编辑器。程序编辑器可生成机器人程序，使用户能够在 Windows 环境中离线开发或维护机器人程序，可显著缩短编程时间，改进程序结构。

（4）路径优化。如果程序包含接近奇异点的机器人动作，Robot Studio 可自动检测出来并发出报警，从而防止机器人在实际运行中发生这种现象。仿真监视器是一种用于机器人运动优化的可视工具，红色线条显示可改进之处，以使机器人按照最有效方式运行。可以对 TCP 速度、加速度、奇异点或轴线等进行优化，缩短周期时间。

（5）可达性分析。通过 Auto reach 可自动进行可到达性分析，使用十分方便，用户可通过该功能任意移动机器人或工件，直到所有位置均可到达，在数分钟之内便可完成工作单元平面布置验证和优化。

（6）虚拟示教台。虚拟示教台是实际示教台的图形显示，其核心技术是 Virtual Robot。从本质上讲，所有可以在实际示教台上进行的工作都可以在虚拟示教台（Quick Teach）上完成，因而虚拟示教台是一种非常出色的教学和培训工具。

（7）事件表。事件表是一种用于验证程序的结构与逻辑的理想工具。程序执行期间，程序员可通过该工具直接观察工作单元的 I/O 状态。将 I/O 连接到仿真事件，实现工位内机器人及所有设备的仿真。

（8）碰撞检测。碰撞检测功能可避免设备碰撞造成的严重损失。选定检测对象后，Robot Studio 可自动监测并显示程序执行时这些对象是否会发生碰撞。

（9）VBA 功能。VBA 可改进和扩充 Robot Studio 功能，根据用户具体需要开发功能强大的外接插件、宏，或定制用户界面。

（10）直接上传和下载。整个机器人程序无须任何转换便可直接下载到实际机器人系统，该功能得益于 ABB 独有的 Virtual Robot 技术。

缺点：只支持 ABB 品牌机器人，机器人间的兼容性很差。

7. Robomove（意大利，无试用）

Robomove 来自意大利，同样支持市面上大多数品牌的机器人，机器人加工轨迹由外部 CAM 导入。与其他软件不同的是，Robomove 走的是私人定制路线，根据实际项目进行定制。软件操作自由，功能完善，支持多台机器人仿真。

缺点：需要操作者对机器人有较为深厚的理解，策略智能化程度与 Robot Master 有较大差距。

8. RoboGuide（美国，有试用）

RoboGuide 系列是以过程为中心的软件包，允许用户在 3D 中创建、编程和模拟机器人工作单元，而无须原型工作单元设置的物理需求和费用。使用虚拟机器人和工作单元模型，使用 RoboGuide 进行离线编程，可通过在实际安装之前实现单个和多个机器人工作单元布局的可视化来降低风险。

这类专用型离线编程软件的优点和缺点都很类似且明显。优点是它们都是机器人本体厂家自行或者委托开发，所以能够拿到底层数据接口，开发出更多功能，软件与硬件通信也更流畅自然。所以，软件的集成度很多，也都有相应的工艺包。

缺点：只支持本公司品牌机器人，机器人间的兼容性很差。

还有一些其他通用型离线编程软件，这里就不多做介绍了。它们通常也有着不错的离线仿真功能，但是由于技术储备之类的原因，尚属于第二梯队，比如，Sprut CAM、Robot Sim、川思特、天皇、亚龙、旭上、汇博等。

第7章

工业机器人应用

自从 20 世纪 60 年代初人类研制了第一台工业机器人,工业机器人就显示出了强大的生命力。经过 50 多年的发展,工业机器人已经在越来越多的生产领域中得到了应用。在制造业中,尤其是在汽车生产中,工业机器人得到了广泛的应用。如在毛坯制造(冲压、锻造等)、机械加工、焊接、热处理、表面喷涂、上下料、装配、检测及仓库堆垛等作业中,工业机器人正在逐步地取代人工作业。目前,汽车制造业是所有行业中人均拥有工业机器人密度最高的行业。

7.1 焊接机器人

世界各国生产的焊接机器人基本上都属关节型机器人,绝大部分有 6 个轴,目前焊接机器人应用中比较普遍的主要有 3 种:点焊机器人、弧焊机器人和激光焊接机器人。

7.1.1 点焊机器人

点焊机器人是用于点焊自动作业的工业机器人,其末端持握的作业工具是焊钳。实际上,工业机器人在焊接领域的应用最早是从汽车装配生产线上的电阻点焊开始的,如图 7-1 所示。

最初,点焊机器人只用于增强焊作业,即往已拼接好的工件上增加焊点。后来,为保证拼接精度,又让机器人完成定位焊作业。

具体来说如下:

(1) 安装面积小,工作空间大;

(2) 快速完成小节距的多点定位(如每 0.3～0.4s 移动 30～50mm 节距后定位);

(3) 定位精度高(±0.25mm),以确保焊接质量;

(4) 持重大(50～150kg),以便携带内装变压器的

图 7-1　汽车车身的机器人点焊作业

焊钳;

(5) 内存容量大,示教简单,节省工时;

(6) 点焊速度与生产线速度相匹配,同时安全可靠性好。

世界上第一台点焊机器人于 1965 年开始使用,是美国 UNIMATION 公司推出的 Unimate 机器人。中国在 1987 年自行研制出第一台点焊机器人——华宇-Ⅰ型点焊机器人。

点焊机器人由于在工作时是点和工件的触碰,所以对点和工件的准确定位要求非常高,但对于点焊机器人的移动轨迹的规定没有那么严格。

点焊机器人的负载能力取决于所用的焊钳形式。对于用于变压器分离的焊钳,30~45kg 负载的机器人就足够了。但是,这种焊钳由于二次电缆线长,电能损耗大,也不利于机器人将焊钳伸入工件内部焊接;并且,电缆线随机器人运动而不停摆动,电缆的损坏较快。因此,目前逐渐更多采用一体式焊钳,这种焊钳连同变压器质量在 70kg 左右。考虑到机器人要有足够的负载能力,能以较大的加速度将焊钳送到空间位置进行焊接,一般都选用 100~150kg 负载的重型机器人。为了适应连续点焊时焊钳短距离快速移位的要求,新的重型机器人增加了可在 0.3s 内完成 50mm 位移的功能,这对电机的性能、微机的运算速度和算法都提出更高的要求。

1. 点焊机器人的分类、功能和用途

点焊机器人由机器人本体、计算机控制系统、示教盒和点焊焊接系统几部分组成,为了适应灵活动作的工作要求,点焊机器人通常采用关节式工业机器人的基本设计,一般具有 6 个自由度:腰转、大臂转、小臂转、腕转、腕摆及腕捻。其驱动方式有液压驱动和电气驱动两种。其中电气驱动具有保养维修简便、能耗低、速度高、精度高、安全性好等优点,因此应用较为广泛。点焊组装方式对比如表 7-1 所示。

表 7-1　点焊组装方式对比

分　类	特　点	用　途
垂直多关节型(落地式)	工作空间安装面积之比大,持重多数为 1000kg 左右,有时还可以附加整机移动自由度	主要用于增强焊点作业
垂直多关节型(悬挂式)	工作空间均在机器人的下方	车体的拼接作业
直角坐标型	多数为 3、4、5 轴,价格便宜	适用于连续直线焊缝
定位焊接用机器人(单向加压)	能承受 500kg 加压反力的高刚度机器人。有些机器人本身带加压作业功能	车身底板的定位焊

2. 点焊机器人的组成

点焊机器人有多种结构形式,大体上都可以分为 3 大组成部分,即机器人本体、点焊焊接系统及控制系统。目前应用较广的点焊机器人,其本体形式有落地式的垂直多关节型、悬挂式的垂直多关节型、直角坐标型和定位焊接用机器人。目前主流机型为多用途的大型 6 轴垂直多关节机器人,这是因为其工作空间安装面积之比大,持重多数为 1000kg 左右,还可以附加整机移动的自由度,如图 7-2 所示。

点焊机器人控制系统由本体控制部分及焊接控制部分组成。本体控制部分主要是实现示教在线、焊点位置及精度控制,控制分段的时间及程序转换,通过改变主电路晶闸管的导通角实现焊接电流控制。

点焊机器人的焊接系统即手臂上所握焊枪,包括电极、电缆、气管、冷却水管及焊接变压器。焊枪相对比较重,要求手臂的负重能力较强。目前使用的机器人点焊电源有两种,即单相工频交流点焊电源和逆变二次整流式点焊电源。

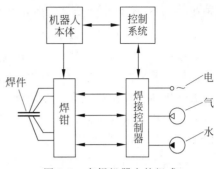

图 7-2 点焊机器人的组成

在驱动形式方面,由于电伺服技术的迅速发展,液压伺服在机器人中的应用逐渐减少,甚至大型机器人也在朝电动机驱动方向过渡。随着微电子技术的发展,机器人技术在性能、小型化、可靠性以及维修等方面日新月异。

在机型方面,尽管主流仍是多用途的大型 6 轴垂直多关节机器人,但出于机器人加工单元的需要,一些汽车制造厂家也在尝试开发立体配置 3~5 轴的小型专用机器人。

3. 点焊机器人的基本功能及装备要求

在诸多焊接方式中,由于点焊只需点位控制,对于焊钳在点与点之间的移动轨迹没有严格要求,因此点焊对所用的机器人的要求不是很高,这是点焊机器人较早被应用的原因之一。

但为了确保焊接质量,基本的要求还是要满足的,比如点焊机器人不仅要有足够的负载能力,而且在点与点之间移位时速度要快捷,动作要平稳,定位要准确,以减少移位的时间,提高工作效率。

由于点焊机器人采用了一体化焊钳,焊接变压器装在焊钳后面,所以变压器必须尽量小型化。对于容量较小的变压器可以用 50Hz 工频交流,而对于容量较大的变压器,已经开始采用逆变技术把 50Hz 工频交流变为 600~700Hz 交流,使变压器的体积减小、质量减轻。

另外,点焊机器人的焊钳通常用气动的焊钳,气动焊钳两个电极之间的开口度一般只有两级冲程;另外,电极压力一旦调定后不能随意变化,有助于提高点焊质量。

7.1.2 弧焊机器人

用于进行自动弧焊的工业机器人称为弧焊机器人。弧焊机器人的组成和原理与点焊机器人基本相同,我国在 20 世纪 80 年代中期研制出华宇-Ⅰ型弧焊机器人。一般的弧焊机器人由示教盒、控制盘、机械本体及自动送丝装置、焊接电源等部分组成,可以在计算机的控制下实现连续轨迹控制和点位控制。它还可以利用直线插补和圆弧插补功能焊接由直线及圆弧组成的空间焊缝。随着机器人技术的发展,弧焊机器人正向着智能化的方向发展,如图 7-3 所示。

弧焊机器人是用于弧焊(主要有熔化极气体保护焊和非熔化极气体保护焊)自动作业的工业机器人,其末端持握的工具是焊枪。事实上,弧焊过程比点焊过程要复杂得多,被焊工件由于局部加热熔化和冷却产生变形,焊缝轨迹会发生变化。因此,焊接机器人的应用并不是一开始就用于电

图 7-3 汽车零部件的机器人弧焊作业

弧焊作业,而是伴随焊接传感器的开发及其在焊接机器人中的应用,使机器人弧焊作业的焊缝跟踪与控制问题得到有效解决。

焊接机器人在汽车制造中的应用也相继从原来比较单一的汽车装配点焊很快发展为汽车零部件及其装配过程中的电弧焊。

弧焊机器人控制系统在控制原理、功能及组成上和通用工业机器人基本相同。目前最流行的是采用分级控制的系统结构,一般分为两级:上级具有存储单元,可实现重复编程、存储多种操作程序,负责管理、坐标变换、轨迹生成等;下级由若干处理器组成,每一处理器负责一个关节的动作控制及状态检测,实时性好,易于实现高速、高精度控制等优点。

弧焊系统是完成弧焊作业的核心装备,主要由弧焊电源、送丝机、焊枪和气瓶等组成。弧焊机器人多采用气体保护焊方法(CO_2、MIG、MAG 和 TG)。

通常的晶闸管式、逆变式、波形控制式、脉冲或非脉冲式等焊接电源都可以装到机器人上进行电弧焊。由于机器人控制柜采用数字控制,而焊接电源多为模拟控制,所以需要在焊接电源与控制柜之间加一个接口,如 FANUC 弧焊机器人采用的 LINCOLN 电源安全设备是弧焊机器人系统安全运行的重要保障,主要包括驱动系统过热自断电保护、动作超限位自断电保护、超速自断电保护、机器人系统工作空间干涉自断电保护和人工急停断电保护等,它们起到防止机器人伤人或保护周边设备的作用。在机器人的末端焊枪上还装有各类触觉或接近觉传感器,可以使机器人在过分接近工件或发生碰撞时停止工作。当发生碰撞时,要检验焊枪是否被碰歪,防止工具中心点发生变化。

弧焊机器人系统基本组成为:机器人本体、控制系统、示教器、焊接电源、焊枪、焊接夹具、安全防护设施。

系统组成还可根据焊接方法的不同以及具体待焊工件焊接工艺要求的不同等情况,选择性扩展以下装置:传感器、送丝机、清枪剪丝装置、冷却水箱、焊剂输送和回收装置、移动装置、焊接变位机、除尘装置等,如图 7-4 所示。

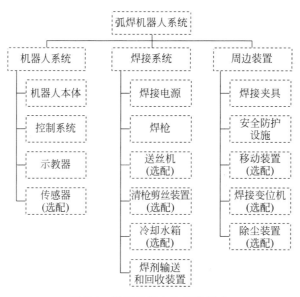

图 7-4　弧焊机器人的系统组成

1. 弧焊机器人的特点

弧焊机器人主要有熔化极焊接作业和非熔化极焊接作业两种类型,具有可长期进行焊接作业,保证焊接作业的高生产率、高质量和高稳定性等特点。其工序要比点焊机器人的工序复杂,对工具中心点(TCP,焊丝端头的运动轨迹)、焊枪姿态、焊接参数都要求精确控制。所以,弧焊机器人还必须具备一些适合弧焊要求的功能。

虽然从理论上讲,5轴机器人就可以用于电弧焊,但是对复杂形状的焊缝,用5轴机器人会有困难。因此,除非焊缝比较简单,否则应尽量选用6轴机器人。

弧焊机器人在进行"之"字形拐角焊或小直径圆焊缝焊接时,其轨迹应能贴近示教的轨迹,还应具备不同摆动样式的软件功能,供编程时选用,以便作为摆动焊,而且摆动在每一周期中的停顿点处,机器人也应自动停止向前运动,以满足工艺要求。此外,还应有接触寻位、自动寻找焊缝起点位置、电弧跟踪及自动再引弧功能等。

工业机器人与自动化成套装备是生产过程的关键设备,因此焊接机器人应用领域广泛,可用于制造、安装、检测、物流等生产环节,并广泛应用于汽车整车及汽车零部件、工程机械、轨道交通、低压电器、电力、IC装备、军工、烟草、金融、医药、冶金及出版印刷等众多行业,应用领域非常广泛。常见如下3种焊接方法:

1) 气体保护电弧焊

利用氩气作为焊接区域保护气体的氩弧焊、利用二氧化碳作为焊接区域保护气体的二氧化碳保护焊等,均属于气体保护电弧焊。

其基本原理是在以电弧为热源进行焊接时,同时从喷枪的喷嘴中连续喷出保护气体把空气与焊接区域中的熔化金属隔离开来,以保护电弧和焊接熔池中的液态金属不受大气中的氧、氮、氢等污染,以达到提高焊接质量的目的。

2) 钨极氩弧焊

钨极氩弧焊是以高熔点的金属钨棒作为焊接时产生电弧的一个电极,并处在氩气保护下的电弧焊,常用于不锈钢、高温合金等要求严格的焊接。

3) 等离子电弧焊

由钨极氩弧焊发展起来的一种焊接方法,等离子弧是离子气被电离产生高温离子气流,从喷嘴细孔中喷出,经压缩形成细长的弧柱,高于常规的自由电弧。由于等离子弧具有弧柱细长、能量密度高的特点,因而等离子在焊接领域有着广泛的应用。

2. 三种气体保护焊

近年来,国外机器人生产厂都有自己特定的配套焊接设备,这些焊接设备内已经插入相应的接口板,所以图7-4的弧焊机器人系统中并没有附加接口箱。

应该指出,在弧焊机器人工作周期中电弧时间所占的比例较大,因此在选择焊接电源时,一般应按持续率100%来确定电源的容量。

1) MIG焊(熔化极气体保护电弧焊)

这种焊接方法是利用连续送进的焊丝与工件之间燃烧的电弧作为热源,由焊炬嘴喷出的气体来保护电弧进行焊接的。惰性气体一般为氩气。

2) TIG焊(惰性气体钨极保护焊)

TIG焊的热源为直流电弧,工作电压为$10\sim15V$,但电流可达300A,把工件作为正极,焊炬中的钨极作为负极。惰性气体一般为氩气。

3）MAG焊（熔化极活性气体保护焊）

熔化极活性气体保护焊是采用在惰性气体中加入一定量的活性气体，如 O_2、CO_2 等作为保护气体。

7.1.3　激光焊接机器人

激光焊接机器人是用于激光焊自动作业的工业机器人，通过高精度工业机器人实现更加柔性的激光加工作业，其末端持握的工具是激光加工头，具有最小的热输入量，产生极小的热影响区，在显著提高焊接产品品质的同时，缩短了后续工作量的时间，如图 7-5 所示。

激光焊接作为一种成熟的无接触的焊接方式已经多年，极高的能量密度使得高速加工和低热输入量成为可能。与机器人电弧焊相比，机器人激光焊的焊缝跟踪精度要求更高。基本性能要求如下：

（1）高精度轨迹（≤0.1mm）；

（2）持重大（30～50kg），以便携带激光加工头；

图 7-5　汽车车身的激光焊接作业

（3）可与激光器进行高速通信；

（4）机械臂刚性好，工作范围大；

（5）具备良好的振动抑制和控制修正功能。

激光焊接机器人是高度柔性的加工系统，这就要求激光器必须具有高度的柔性，目前激光焊接机器人都选用可光纤传输的激光器（如固体激光器、半导体激光器、光纤激光器等）。在机器人手臂的夹持下，激光器运动由机器人的运动决定，因此能匹配完全的自由轨迹加工，完成平面曲线、空间的多组直线、异形曲线等特殊轨迹的激光焊接。

智能化激光焊接机器人主要由以下几部分组成，如图 7-6 所示。

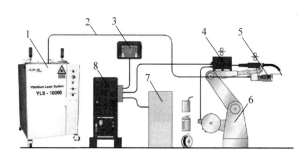

1—激光器；2—光导系统；3—遥控盒；4—送丝机；5—激光焊接头；6—操作机；7—机器人控制柜；8—焊接电源

图 7-6　激光焊接机器人的系统组成

（1）大功率可光纤传输激光器。

（2）光纤耦合和传输系统。

（3）激光光束变换光学系统。

（4）6 自由度机器人本体。

（5）机器人数字控制系统（控制器、示教器）。

（6）激光焊接头。

（7）材料进给系统（高压气体、送丝机、送粉器）。

（8）焊缝跟踪系统（包括视觉传感器、图像处理单元、伺服控制单元、运动执行机构及专用电缆等）。

（9）焊接质量检测系统（包括视觉传感器、图像处理单元、缺陷识别系统及专用电缆等）。

（10）激光焊接工作台。

7.2 分拣机器人

分拣机器人（sorting robot）是一种具备传感器、物镜和电子光学系统的机器人，可以快速进行货物分拣，如图7-7所示。

随着人工成本的不断升高，用机器人代替人力去做一些重复性的高强度的劳动是现代机器人研究的一个重要方向。目前在物流系统和柔性制造系统中，自动导航小车被广泛地应用，但其主要的引导方式是电磁或者惯性引导，电磁引导需要埋设金属线，并加载引导频率，它的灵活性差，改变或扩充路径较麻烦，对引导线路附近的铁磁物质有干扰。而惯性引导主要安装陀螺仪，缺点是成本较高，维护保养等后续问题较难解决，地面也需要磁性块进行辅助定位。另外，此类小车缺少分辨物体的功能。

图7-7 分拣机器人

7.2.1 分拣机器人的工作原理

分拣机器人能通过"看"地面上粘贴的二维码给自己定位和认路，通过机器人调度系统的指挥，抓取包裹后，穿过配有工业相机和电子秤等外围设备的龙门架。通过工业相机读码功能和电子秤称重功能，机器人调度系统便识别了快递面单信息，完成包裹的扫码和称重，并根据包裹目的地规划出机器人的最优运行路径，调度机器人进行包裹分拣投递。

7.2.2 分拣机器人的构成

分拣机器人如图7-7所示，由控制核心模块、电源模块、超声波红外测距模块、人体红外检测传感器、颜色检测传感器、电机驱动模块、步进电动机、编码器脉冲计数器、舵机和机械手组成。其中，舵机用于控制小车的转向，也用于控制机械手的张合；编码器脉冲计数器用于检测电动机的转速；超声波红外测距模块用于定位；颜色检测传感器用于分辨物体；机械手用于夹持物体；人体红外检测传感器用于检测人体信号。

7.2.3 分拣机器人的优点

分拣机器人性能稳定高效，为企业提升运营效率，节省了人力成本和管理成本，促进工厂和企业的升级；分拣机器人可实现重建、自主规划行走路线，轻松进行物体识别；分拣机器人可以连续不间断工作，体积轻便，效率高，可节省70%的人员；分拣机器人能够进行装载、运输、分拣，代替工人完成物料的加工、分拣、包装和搬运等工序。

20世纪70年代，人们就开始用超声波检查和挑拣变质的蔬菜和水果，但对外表不易觉察的烂土豆则无能为力。英国曾研究了遥控机械系统,通过电视屏幕观察土豆,只需用指示棒碰一下烂土豆图像,专门的装置便可以把烂土豆挑拣出来扔掉,但这种分拣机器离开人就

不能工作。后来专家发现,土豆的良好部分和腐烂部分对红外线的反射不同,于是发明用光学方法挑拣土豆。土豆是椭圆体,为了能够观察到土豆的各个部位,分拣机器人具备了传感器、物镜和电子光学系统。它 1h 就可以挑拣 3t 土豆,相当于 6 名挑拣工人的劳动,工作质量也大大超过人工作业。

如今,自动分拣机器人已经得到了广泛的应用,如图 7-8 所示。研制的西红柿分选机每小时可分选出成百上千个西红柿;苹果自动分送机根据颜色光泽、大小分类,每分钟可选 540 个苹果,并送入不同容器内;研制的自动选蛋机每小时可筛选和处理 6000 个禽蛋。

图 7-8 并联分拣机器人

7.3 码垛机器人

码垛机器人如图 7-9 所示,是机械与计算机程序有机结合的产物,为现代生产提供了更高的生产效率,码垛机器人在码垛行业有着相当广泛的应用。码垛机器人大大节省了劳动力和空间。码垛机器人运作灵活精准、快速高效、稳定性高、作业效率高。

1. 码垛机器人的特点

(1) 结构简单、零部件少,因此零部件的故障率低、性能可靠、保养维修简单、所需库存零部件少。

(2) 占地面积少。有利于客户厂房中生产线的布置,并可留出较大的库房面积。码垛机器人可以设置在狭窄的空间,即可有效地使用。

(3) 适用性强。当客户产品的尺寸、体积、形状及托盘的外形尺寸发生变化时只需在触摸屏上稍做修改即可,不会影响客户的正常的生产。而机械式的码垛机更改相当麻烦,甚至是无法实现的。

(4) 能耗低。通常机械式码垛机的功率在 26kW 左右,而码垛机器人的功率为 5kW 左右,大大降低了客户的运行成本。

(5) 全部控制在控制柜屏幕上操作即可,操作非常简单。

图 7-9 码垛机器人

(6) 只需定位抓起点和摆放点,示教方法简单易懂。

2. 码垛机器人的分类

(1) 根据结构划分。

根据机械结构的不同,码垛机器人包括如下 3 种形式:笛卡儿式、旋转关节式和龙门起

重架式。

① 笛卡儿式码垛机器人主要由4部分组成(立柱、X 向臂、Y 向臂和抓手),并以4个自由度(包括三个移动关节和一个旋转关节)完成对物料的码垛。这种形式的码垛机构造简单,机体刚性较强,可搬重量较大,适用于较重物料的码垛。

② 旋转关节式机器人即码垛机绕机身旋转,包括4个旋转关节(腰关节、肩关节、肘关节和腕关节)。这种形式的码垛机是通过示教的方式实现编程的,即操作员手持示教盒,控制机器人按规定的动作而运动,于是运动过程便记录在存储器中,以后自动运行时可以再现这一运动过程。这种机器人机身小而动作范围大,可进行一个或几个托盘的同时码垛,能够灵活机动地应对进行多种产品生产线的工作。

③ 龙门起重架式是将机器人手臂装在龙门起重架上的码垛机器人,这种码垛机器人具有较大的工作范围,能够抓取较重的物料。

(2) 根据堆放要求划分。

① 单层码垛机器人。单层结构的码垛机器人是比较基本的,主要靠输送带把物料输送过来,待到达转向机构时,可以根据规定的方向进行调整,准备完毕后,便可以进到层输机构上。只要在这个地方把产品按设定的排列就顺序进行紧密的排列就可以了,再通过输送辊把排列好的产品移送到下一个工位,这样码垛机器人的堆码作业就算完成了。

② 多层码垛机器人。多层码垛机器人的托送板是在输送带下面的,是可以进行左右移动的。机器在进行堆码时,物料会整齐排列在托送板上,然后将托送板设置在左极限位置。当输送带输送的物料被挡板挡住时,正好排列成一行,然后托送板右移,再像上面的步骤一样,物料又会排成一行。以此类推,物料每增加一层,码垛机器人的升降台的高度就会下降一层,直到将物料堆到一定高度后停止。

③ 排列码垛机器人。这种码垛机器人是将物料排成排后进行输送的,推板会将输送来的物料放到集料台上,然后向左移动,从下往上推,将三层物料堆码在一起。在这个过程中,会有斜面装置保证过程的顺利完成,而且集料台的特殊性也会有助于码垛机器人完成堆码。

7.4 搬运机器人

搬运机器人具有通用性强、工作稳定的特点,且操作简便、功能丰富,逐渐向第三代智能机器人发展,其主要优点有:

(1) 动作稳定且搬运准确性高;

(2) 提高生产效率,解放繁重体力劳动,实现"无人"或"少人"生产;

(3) 改善工人劳作条件,摆脱有毒、有害环境;

(4) 柔性高、适应性强,可实现多形状、不规则物料搬运;

(5) 定位准确,保证批量一致性;

(6) 降低制造成本,提高生产效益。

7.4.1 搬运机器人的分类

从结构形式上看,搬运机器人可分为龙门式搬运机器人、悬臂式搬运机器人、侧壁式搬运机器人、摆臂式搬运机器人和关节式搬运机器人,如图 7-10 所示。

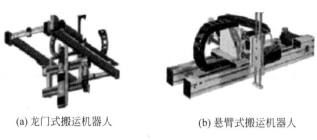

(a) 龙门式搬运机器人　　　　　(b) 悬臂式搬运机器人

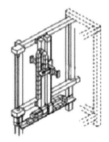

(c) 摆臂式搬运机器人　　(d) 侧壁式搬运机器人　　(e) 关节式搬运机器人

图 7-10　搬运机器人的分类

1. 龙门式搬运机器人

龙门式搬运机器人采用直角坐标系,主要由 X 轴、Y 轴和 Z 轴组成。其多采用模块化结构,依据负载位置、大小等选择对应直线运动单元及组合结构形式,可实现大物料、重吨位搬运,编程方便快捷,广泛运用于生产线转运及机床上下料等大批量生产过程,如图 7-11 所示。

2. 悬臂式搬运机器人

悬臂式搬运机器人坐标系主要由 X 轴、Y 轴和 Z 轴组成,并能随不同的应用采取相应的结构形式。广泛运用于卧式机床、立式机床及特定机床内部和冲压机热处理机床自动上下料,如图 7-12 所示。

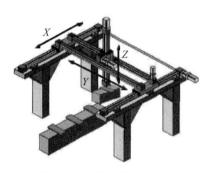

图 7-11　龙门式搬运机器人

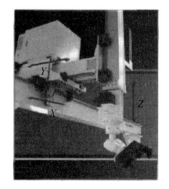

图 7-12　悬臂式搬运机器人

3. 侧壁式搬运机器人

侧壁式搬运机器人坐标系主要由 X 轴、Y 轴和 Z 轴组成,其也可随不同的应用采取相应的结构形式。主要运用于立体库类,如档案自动存取、全自动银行保管箱存取系统等,如图 7-13 所示。

4.摆臂式搬运机器人

摆臂式搬运机器人坐标系主要由 X 轴、Y 轴和 Z 轴组成。Z 轴用于升降,也称为主轴。Y 轴的移动主要通过外加滑轨,X 轴末端连接控制器,控制器绕 X 轴转动,实现 4 轴联动。广泛应用于国内外生产厂家,是关节式搬运机器人的理想替代品,但其负载程度相对于关节式机器人小,如图 7-14 所示。

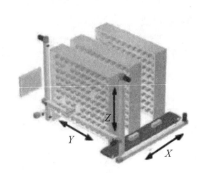

图 7-13　侧壁式搬运机器人

图 7-14　摆臂式搬运机器人

5.关节式搬运机器人

关节式搬运机器人是现今工业产业中常见的机型之一,拥有 5～6 个轴,行为动作类似于人的手臂,具有结构紧凑、占地空间小、相对工作空间大、自由度高等特点,适合绝大多数轨迹或角度的工作,如图 7-15 所示。

龙门式、悬臂式、侧壁式和摆臂式搬运机器人均在直角坐标系下作业,适应范围相对较窄、针对性较强,适合定制专用机来满足特定需求。

直角式(桁架式)搬运机器人和关节式搬运机器人在实际运用中都有如下特性:

(1)能够实时调节动作节拍、移动速率、末端执行器动作状态;

(2)可更换不同末端执行器以适应物料形状的不同,方便、快捷;

图 7-15　关节式搬运机器人

(3)能够与传送带、移动滑轨等辅助设备集成,实现柔性化生产;

(4)占地面积相对小、动作空间大,减少了源限制。

7.4.2　搬运机器人的系统组成

搬运机器人是一个完整系统。以关节式搬运机器人为例,其工作站主要由操作机、控制系统、搬运系统(气体发生装置、真空发生装置和手爪等)和安全保护装置组成,如图 7-16 所示。

关节式搬运机器人常见的本体有 4～6 轴。6 轴搬运机器人本体部分具有回转、抬臂、前伸、手腕旋转、手腕弯曲和手腕扭转 6 个独立旋转关节,多数情况下 5 轴搬运机器人略去

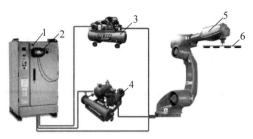

1—操作机；2—控制系统；3—气体发生装置；4—真空发生装置；5—机器人本体；6—手爪

图 7-16　搬运机器人的系统组成

手腕旋转这一关节，4 轴搬运机器人则略去了手腕旋转和手腕弯曲这两个关节，如图 7-17 所示。

图 7-17　搬运机器人运动轴

7.5　工业机器人应用领域

7.5.1　汽车行业

在中国，50％的工业机器人应用于汽车制造业，其中 50％以上为焊接机器人；在发达国家，汽车工业机器人占机器人总保有量的 53％以上。据统计，世界各大汽车制造厂年产每万辆汽车所拥有的机器人数量为 10 台以上。随着机器人技术的不断发展和日臻完善，工业机器人必将对汽车制造业的发展起到极大的促进作用。而中国正由制造大国向制造强国迈进，需要提升加工手段，提高产品质量，增加企业竞争力，这一切都预示着机器人的发展前景巨大。

我国汽车工业的发展和对自动化水平要求的不断提高，将为焊接机器人市场的快速增长提供一个良好的机会。预计国内企业对焊接机器人的需求量将以 30％以上的速度增长。从机器人技术发展趋势看，焊接机器人不断向智能化方向发展，完全实现生产系统中机器人的群体协调和集成控制，从而达到更高的可靠性和安全性。而采用焊接机器人的汽车生产企业在高技术、高质量、低成本条件下必将获得高速发展，也必将为汽车产业的发展带来新的生机。

当前，工业机器人的应用领域主要有弧焊、点焊、装配、搬运、喷漆、检测、码垛、研磨抛光和激光加工等复杂作业。

目前,国际上工业机器人技术在制造业应用范围越来越广阔,已从传统制造业推广到其他制造业,进而推广到诸如采矿、建筑、农业、灾难救援等各种非制造行业。但汽车工业仍是工业机器人的主要应用领域。据了解,美国60%的工业机器人用于汽车生产;全世界用于汽车工业的工业机器人已经达到总量的37%,用于汽车零部件的工业机器人约占24%。

在我国,工业机器人的最初应用是在汽车和工程机械行业,主要用于汽车及工程机械的喷涂及焊接。目前,由于机器人技术以及研发的落后,工业机器人还主要应用在制造业,非制造业使用得较少。据统计,近几年国内厂家所生产的工业机器人有超过一半是提供给汽车行业。可见,汽车工业的发展是近几年我国工业机器人增长的原动力之一。

7.5.2　食品医药行业

机器人的运用范围越来越广泛,即使在很多的传统工业领域中人们也在努力使机器人代替人类工作,在食品工业中的情况也是如此。目前人们已经开发出的食品工业机器人有包装罐头机器人、自动午餐机器人和切割牛肉机器人等。

由于食品制造和医药行业的特殊性,使其对产线设备的清洁卫生、速度节拍、拾取目标多样性等方面有特别要求,并联机器人对产品零污染、高速度、柔性化的优势而广泛应用于食品制造和医药行业的分拣、装箱、装盒、取件、自动检测等领域。

7.5.3　电子行业

工业机器人在电子类的IC、贴片元器件等领域的应用均较普遍。目前,世界工业界装机最多的工业机器人是SCARA型4轴机器人,第二位的是串联关节型垂直6轴机器人。这两种工业机器人超过全球工业机器人装机量的一半。

在手机生产领域,视觉机器人,例如分拣装箱、撕膜系统、激光塑料焊接、高速4轴码垛机器人等适用于触摸屏检测、擦洗、贴膜等一系列流程的自动化系统的应用。专区内机器人均由生产商根据电子生产行业需求所特制,小型化、简单化的特性实现了电子组装高精度、高效的生产,满足了电子组装加工设备日益精细化的需求,而自动化加工更是大大提升了生产效益。

参 考 文 献

[1]   John J.Craig.机器人学导论[M].负超,译.北京：机械工业出版社,2006.
[2]   蔡自兴.机器人学基础[M].2 版.北京：机械工业出版社,2015.
[3]   郭洪红.工业机器人技术[M].3 版.西安：西安电子科技大学出版社,2016.
[4]   张玫.机器人技术[M].2 版.北京：机械工业出版社,2016.
[5]   刘小波.工业机器人技术基础[M].北京：机械工业出版社,2016.
[6]   熊有伦.机器人技术基础[M].武汉：华中理工大学出版社,1996.
[7]   孟庆鑫,王晓东.机器人技术基础[M].哈尔滨：哈尔滨工业大学出版社,2006.
[8]   孙迪生,王炎.机器人与控制技术[M].北京：机械工业出版社,1997.
[9]   吴振彪.工业机器人[M].武汉：华中理工大学出版社,1997.
[10]   张奇志.机器人学简明教程[M].西安：西安电子科技大学出版社,2013.